法国蓝带
巧克力宝典

法国蓝带厨艺学院　著　　邢彬　译

中国轻工业出版社

图书在版编目（CIP）数据

法国蓝带巧克力宝典 / 法国蓝带厨艺学院著；邢彬译.
—北京：中国轻工业出版社，2016.4
ISBN 978-7-5019-9914-9

Ⅰ.①法… Ⅱ.①法… ②邢… Ⅲ.①西点—制作
Ⅳ.①TS213.2

中国版本图书馆 CIP 数据核字 (2014) 第207508号

版权声明

责任编辑：高惠京　　　责任终审：张乃柬　　　整体设计：锋尚设计
责任校对：燕　杰　　　责任监印：马金路
出版发行：中国轻工业出版社（北京东长安街6号，邮编：100740）
印　　刷：北京顺诚彩色印刷有限公司
经　　销：各地新华书店
版　　次：2016年4月第1版第2次印刷
开　　本：787×1092　1/16　印张：21
字　　数：500千字
书　　号：ISBN 978-7-5019-9914-9　定价：158.00元
著作权合同登记　图字：01-2012-7887
邮购电话：010-65241695　传真：65128352
发行电话：010-85119835　85119793　传真：85113293
网　　址：http://www.chlip.com.cn
Email：club@chlip.com.cn
如发现图书残缺请直接与我社邮购联系调换
160386S1C102ZYW

序

法国蓝带厨艺学院（Le Cordon Bleu）

创建于 1895 年的法国蓝带厨艺学院，是巴黎第一所专门教授烹饪与烘焙的学校，令法餐发扬光大、闻名于世。

今天，蓝带厨艺学院遍布全球 20 个国家，有 50 所分校。除厨艺培训外，学院还开设酒店和餐饮管理课程。一直以来，蓝带厨艺学院作为法餐烹饪专业知识的倡导者，服务于当今世界。

蓝带厨艺学院向全世界的学生敞开大门，无论是零基础，还是想进阶到专业领域，在这里都能发掘和学习法餐的精髓和厨艺专业知识。

在蓝带厨艺学院里任教的主厨们代表了一流餐厅的最高水准，他们就职于享有盛誉的餐厅，赫赫有名、得奖无数，其中包括令人梦寐以求、评审极其严苛的"法国最佳职人大奖"（简称 MOF, Meilleur Ouvrier de France）。学院因此保证了高水平的培训质量，同时满足了当前全球厨艺培训的需求。

蓝带厨艺学院的课程享誉国际，可以为学员们提供赢得工作机会的一切基本技能，更能将其培养成为行业中的佼佼者。只要掌握了这些技能，学员就会展现出创造力，并不断在未来的工作中精益求精。

蓝带厨艺学院也对普通大众和经验丰富的美食爱好者开放，这些来自世界各地的人们，可以在这里体验真正的法国美食烹饪方法和蕴含其中的厨艺艺术。如果条件允许，还可以加入普通学员的行列，一起参与教学演示和实操课程。

除此之外，蓝带厨艺学院还从事与美食相关的众多活动，例如图书出版、美食产品、餐桌艺术与装饰，以及认证和咨询服务等。

蓝带厨艺学院还经营几家教学餐厅，例如在加拿大首都渥太华，学院的餐厅被评选为北美最佳餐厅之一；还有墨西哥前法国大使馆旧址的非营利餐厅，获得墨西哥奖学金的实习生在那里进行实践和职业体验。

蓝带厨艺学院的合作伙伴以及学员们共同构建了巨大的网络，可以说，人人都是学院的"大使"，在传播法国饮食文化的同时，也让法国生活艺术深入人心。从国际范畴来讲，学习法餐并试图将其本土化的同时，所有人都在搭建着世界桥梁并促进了文化之间的对话与交流。

关于本书

巧克力不仅能激发面点师心中的热情，更是巧克力发烧友的心头好。令人欲罢不能的巧克力，做起来却并不那么简单。因此，结合蓝带厨艺学院烹饪技巧和教学方法的《法国蓝带巧克力宝典》就理所当然地成为家中必备的首选。

在这本巧克力制作全书中，蓝带厨艺学院的厨师们尽可能多地分享巧克力知识和制作技巧。无论你的基础如何，相信都能够根据步骤做出好吃的巧克力甜品。此外，书中多样化的配方能满足不同场合的需要和选择。

为了能让读者掌握并制作出书中的巧克力甜品，详尽的制作步骤贯穿全书，直观地让读者轻松掌握蓝带厨艺学院的基础课程，以及每位面点大师烂熟于心的方法、技巧。

蓝带厨艺学院期望每个读者都喜爱这本书。因此，特别将书中"大师级"的配方，采用通俗易懂和富于创造力的方式呈现。

此外，本书配方中的食材和用具购买方便。为了尽可能达到最好的制作效果，所有的配方均经过蓝带厨艺学院的面点师和学生们实际操作。

蛋糕、塔点、慕斯、巧克力糖果……按照你的方式轻松阅读和学习书中的配方与技巧吧，相信在这里你能领略到巧克力的不同风情，发现巧克力的各种风貌！

尽情享受吧！

法国蓝带国际厨艺学院教育与发展副院长

帕特里克·马丁

目录

5

开始制作前的几点建议

选择食材

本书食谱中列出的食材是在进行实际操作时使用的，其中的大部分都可以轻松地在市面上买到。在基础食材中，本书使用了低筋面粉、全脂牛奶、小包装泡打粉以及每个约50克的鸡蛋。巧克力的使用，最好选择制作糕点和甜品专用的黑、白或牛奶巧克力，如果找不到，用高品质的巧克力替代也可以。但当制作调温巧克力或巧克力镜面时，最好选择优质的专业巧克力，以及可可脂含量约31%的涂层巧克力。

特殊工具

本书食谱的制作工具采用的是厨房中常见的用具，但也有一些特殊工具，例如：漏斗形筛网（精细的过滤器）、装有圆形或星形裱花嘴的裱花袋、不同直径的慕斯模以及烹饪温度计（电子感应温度计在制作调温巧克力时最为理想）。

烤箱温度

本书食谱中的烤箱温度和烘烤时间，可依据烤箱的不同进行调整（详见第336页的对照表）。本书中的食谱是用多功能小型电烤箱操作完成的。

浓郁诱人的蛋糕

Gâteaux gourmands et moelleux

制作基础巧克力淋酱的正确方法

Le bon geste pour faire une ganache de base

这个配方中，使用了等比例的巧克力和鲜奶油，做出的巧克力淋酱丝滑细腻，适合做馅料、镜面或者抹在蛋糕表面、填入塔坯等。如果增加巧克力的用量，淋酱会较为结实，非常适合制作巧克力松露或者其他糖果。本书一些食谱的淋酱都是从这个基础做法略加调整制作而成的（参考第64页）。

① 将300克巧克力粗切块后放入碗中，备用。

② 将300毫升鲜奶油倒入平底深锅中加热至沸腾，然后浇在巧克力块上。

③ 充分搅拌至混合物冷却，并呈现出均匀、顺滑且光亮的浓稠度。室温下静置，直到巧克力淋酱可以轻松涂匀抹开。

制作蛋白霜、面糊、油酥面糊圆饼的正确方法

Le bon geste pour façonner des disques de meringue ou de pâte

根据所选择的食谱（参考第34页、第44页、第66页），调配好蛋白霜、面糊或油酥面糊圆饼等。

① 选择你想要制作尺寸的慕斯模或塔模放在烤盘纸上，用铅笔沿模具边缘画圈。

② 将烤盘纸翻面，放入烤盘。取一只裱花袋在顶端装上圆形裱花嘴，将其完全塞入袋口的末端，以

免制作时面糊漏出。扭转裱花嘴上端将其密封。将裱花袋上部翻开，盖住手，使用橡皮刮刀填入材料。

③ 扭转裱花袋，挤出残留的空气至材料已稍露出裱花嘴。从画好的圆圈中心开始挤压，层层向外绕圈至材料将整个圆圈填满，然后根据所选的食谱烘焙即可。

制作海绵蛋糕卷的正确方法

Le bon geste pour rouler un biscuit

参考第20页、第70页的步骤制作海绵蛋糕坯和填充馅料。

① 将烤好的海绵蛋糕坯放在烤盘纸或者干净的茶巾上，硬面朝下。

② 用抹刀将馅料均匀地抹在蛋糕坯上，四边留出距离。

③ 从较长的一边向内卷起，将烤盘纸或茶巾提起，慢慢地将蛋糕坯卷起，逐渐抽出烤盘纸并将接缝藏在下面，将两端各切齐修整。

制作蛋糕镜面的正确方法

Le bon geste pour glacer un gâteau

制作并烘烤蛋糕，放凉待用，根据所选择的食谱（参考第24页、第31页）的步骤制作镜面，并放至微温。

1 将蛋糕放在网架上，再将其放在一只大碗上。

2 一次性将微温的镜面淋在整个蛋糕上，让镜面顺着蛋糕的四周滴到碗中。

3 用抹刀将镜面均匀地铺在蛋糕表面和四周，静止片刻，将做好镜面的蛋糕放入冰箱冷藏30分钟定型后食用。

巧克力的幸福
Bonheur de chocolat

6人份

难易度： ★ ☆ ☆
准备时间： 30分钟
制作时间： 25分钟

原料：

- 无盐黄油 65克
- 细砂糖 190克
- 鸡蛋 2个
- 过筛的面粉 125克
- 过筛的无糖可可粉 25克
- 香草精 1小匙

做法：

1. 将烤箱预热至180℃，在直径20厘米的圆模内刷匀黄油。

2. 将无盐黄油放入平底深锅中以小火加热至融化。

3. 将细砂糖和蛋液隔水加热，其间持续搅拌5~8分钟，注意请勿让混合物过度加热。将隔水加热的碗取出，继续手打或者使用电动搅拌器高速打发至发白起泡，使用橡皮刮刀慢慢地将过筛面粉和可可粉混入，然后加入融化的黄油和香草精。

4. 将蛋糕面糊倒入模具中约3/4处，放入烤箱烤25分钟。在网架上将蛋糕脱模后冷却。

> **大厨小贴士**
> 装模前可在圆模底部和侧面撒上杏仁片，或者在蛋糕冷却后撒上糖粉。这款简单的甜点搭配红色果酱会带来更多惊喜。

巧克力圣诞木柴蛋糕卷
Bûche de Noël au chocolat

10~12人份

难易度：★★★

准备时间：1小时30分钟

制作时间：8分钟

冷藏时间：1小时

原料：

杏仁海绵蛋糕

- 杏仁膏 150克
- 糖粉 60克
- 蛋黄 3个
- 蛋清 2个
- 细砂糖 60克
- 过筛的面粉 100克
- 融化的无盐黄油 50克

巧克力淋酱

- 黑巧克力 200克
- 鲜奶油 250毫升
- 室温回软的无盐黄油 75克
- 朗姆酒 50毫升

朗姆酒糖浆

- 水 120毫升
- 细砂糖 100克
- 咖啡精 1小匙
- 朗姆酒 40毫升

咖啡奶油霜

- 鸡蛋 1个
- 蛋黄 2个
- 细砂糖 160克
- 水 80毫升
- 室温回软的无盐黄油 250克
- 咖啡精适量

参考第16页制作海绵蛋糕卷的正确做法。

做法：

1. 将烤箱预热至180℃，烤盘内铺长38厘米、宽30厘米的烤盘纸。

2. 杏仁海绵蛋糕：将杏仁膏、糖粉倒入大碗后，用电动搅拌器充分搅拌至小团块。将蛋黄一个个放入。另取一只碗，将蛋清打发至略微起泡。将1/3的细砂糖一点点放入，持续打发至蛋清顺滑光亮。慢慢倒入剩余的细砂糖，搅打至固体状。将1/3打好的蛋白霜和50克过筛面粉倒入杏仁膏和糖粉的小团块中，再倒入1/3的蛋白霜和剩余面粉。最后，加入剩余的蛋白霜和融化的黄油。将面糊倒入烤盘中约5毫米厚，放入烤箱烤8分钟，直到蛋糕表面变硬但摸起来柔软有弹性为止，取出后移至网架上冷却待用。

3. 巧克力淋酱：将巧克力切成小块后放入碗中。将鲜奶油在平底深锅中加热至沸腾，浇在巧克力上，混合均匀后加入无盐黄油和朗姆酒。室温下静置冷却至可轻易涂抹。

4. 朗姆酒糖浆：将水和细砂糖放入平底深锅中煮沸，放凉后加入咖啡精和朗姆酒。

5. 咖啡奶油霜：将蛋清和蛋黄搅打至发白。在平底深锅中倒入细砂糖和水，熬煮至烹饪温度计显示为120℃，慢慢将糖浆倒入打发的蛋液中，持续搅拌至冷却，然后加入室温回软的无盐黄油和咖啡精。

6. 将蛋糕浸入朗姆酒糖浆中，并涂抹一层咖啡奶油霜。借用烤盘纸将蛋糕顺着长的一边卷起，逐渐抽出烤盘纸并将接缝藏在下面，在整个木柴蛋糕上再涂抹上一层咖啡奶油霜，放入冰箱冷藏1小时。取出后，使用抹刀在木柴蛋糕表面铺上一层巧克力淋酱即可食用。

水果圣诞木柴蛋糕卷

Bûche de Noël aux fruits

10~12人份

难易度：★★☆
准备时间：1小时30分钟
制作时间：8分钟
冷藏时间：1小时

原料：

指形巧克力蛋糕

- 蛋黄 3个
- 细砂糖 75克
- 蛋清 3个
- 过筛的面粉 70克
- 过筛的无糖可可粉 15克

巧克力奶油酱

- 黑巧克力 40克
- 明胶 1片
- 牛奶 150毫升
- 蛋黄 2个
- 细砂糖 50克
- 玉米粉 20克
- 鲜奶油 200毫升

巧克力糖浆

- 水 100毫升
- 细砂糖 100克
- 无糖可可粉 10克

水果

- 切成小块的草莓 200克
- 切成小块的香梨 1个
- 覆盆子 100克
- 黑莓 100克
- 切成小块的猕猴桃 1个

装饰

- 猕猴桃、香梨、覆盆子、草莓、黑莓各适量
- 糖粉适量

做法：

1. 将烤箱预热至200℃。在烤盘内铺长38厘米、宽30厘米的烤盘纸。

2. 指形巧克力蛋糕：将蛋黄和一半的细砂糖在碗中混合，搅拌至发白起泡。另取一只碗，将蛋清和剩余的细砂糖打发至硬性发泡，慢慢地将其混入蛋黄与细砂糖的混合物中，将过筛的面粉和可可粉混入。将面糊倒入烤盘，用抹刀整平，放入烤箱烤8分钟。

3. 巧克力奶油酱：黑巧克力切碎后放入碗中。明胶用冷水浸软。平底深锅中放入牛奶煮沸后离火。将蛋黄和细砂糖搅拌至发白，加入玉米粉后，将一半的热牛奶慢慢倒入，搅拌均匀，再倒入剩下的牛奶。将混合物再次倒入平底深锅中，小火加热并不断搅拌至浓稠，接着持续搅拌并奶油酱沸腾1分钟，离火。将明胶多余的水分尽量挤干，放入烧开的混合物中。将所有材料浇在巧克力碎上，搅拌均匀后盖上保鲜膜，放凉，其间不时摇动。将鲜奶油打发，与已经冷却的巧克力奶油酱混合。

4. 巧克力糖浆：将水、细砂糖和可可粉倒入平底深锅中煮沸，放凉。

5. 将水果小心地拌入巧克力奶油酱中。35厘米的长形模具中铺一张烤盘纸。将指形巧克力蛋糕分别切为长35厘米、宽13厘米和长35厘米、宽5厘米的长条。较大的一块放入模具底部，用巧克力糖浆浸透蛋糕，铺上巧克力奶油酱和水果。将较小的长条蛋糕也用巧克力糖浆浸透，摆在上面。将木柴蛋糕放入冰箱冷藏1小时，取出后脱模，以新鲜水果、糖粉装饰后即可食用。

巧克力覆盆子方块蛋糕
Carré chocolat-framboise

8~10人份

难易度：★★☆
准备时间：1小时
制作时间：15分钟
冷藏时间：15分钟

原料：

萨赫巧克力蛋糕
- 巧克力 75克
- 可可块 50克
- 室温回软的无盐黄油 125克
- 蛋黄 3个
- 细砂糖 100克
- 蛋清 4个
- 过筛的玉米粉 50克
- 过筛的泡打粉 1/2小匙

巧克力慕斯
- 黑巧克力（可可脂含量55%）170克
- 可可块 35克
- 鲜奶油 350毫升
- 蛋黄 5个
- 细砂糖 85克

覆盆子糖浆
- 水 50毫升
- 细砂糖 50克
- 覆盆子汁 100毫升
- 覆盆子蒸馏酒 40毫升

覆盆子镜面
- 覆盆子 65克
- 淡味蜂蜜 1~2小匙
- 细砂糖 60克
- 果胶 4克

做法：

1. 将烤箱预热至180℃，烤盘内铺长38厘米、宽30厘米的烤盘纸。

2. 萨赫巧克力蛋糕：将巧克力和可可块隔水加热至融化，离火后，放入无盐黄油、蛋黄和一半的细砂糖。另取一只碗，将蛋清和剩余的细砂糖打发，倒入融化的巧克力和可可块的混合物中，再倒入过筛的玉米粉和泡打粉搅拌均匀。将面糊倒入烤盘，放入烤箱烤15分钟。

3. 巧克力慕斯：将巧克力和可可块隔水加热至融化，离火后放至微温。将鲜奶油稍打发后放入冰箱冷藏，备用。将蛋黄和细砂糖搅拌均匀。用橡皮刮刀一点点混入巧克力中，再放入打发的鲜奶油。

4. 覆盆子糖浆：平底深锅放入水、细砂糖和覆盆子汁煮沸，倒入碗中放凉，再加入覆盆子蒸馏酒。

5. 覆盆子镜面：平底深锅中放入覆盆子、蜂蜜和一半的细砂糖煮沸，将果胶和剩余的细砂糖混合后倒入锅中，再次烧开后，放凉备用。

6. 使用长形锯齿刀将烤好的蛋糕切成相等的2块，将其中一块用覆盆子糖浆浸透，并覆盖巧克力慕斯。将另一块放在巧克力慕斯上，用糖浆浸透，用抹刀或者橡皮刮刀在蛋糕上涂抹覆盆子镜面，然后放入冰箱冷藏15分钟，用泡过热水的刀切块并将侧边修饰平整。

> **大厨小贴士**
> 根据个人喜好可以使用黑莓等其他浆果制作镜面；若没有可可块，可以使用可可脂含量较高的巧克力，例如可可脂含量72%的巧克力代替；如果没有果胶，可以用2片明胶代替即可。

干果巧克力蛋糕
Cake au chocolat aux fruits secs

12人份

难易度：★ ☆ ☆
准备时间：25分钟
制作时间：50分钟
冷却时间：15分钟

原料：

- 杏干 150克
- 梨干 50克
- 去皮的烤榛子 50克
- 开心果 25克
- 什锦糖渍水果 100克
- 室温回软的无盐黄油 250克
- 糖粉 250克
- 鸡蛋 5个
- 过筛的面粉 300克
- 过筛的无糖可可粉 30克
- 过筛的泡打粉 2小匙

做法：

1. 将烤箱预热至180℃，长25厘米、宽10厘米的烤模刷匀黄油。

2. 将杏干和梨干切小块，与榛子、开心果和糖渍水果混合后备用。

3. 将室温回软的无盐黄油放入碗中，搅拌至浓稠的膏状。加入糖粉后打发至起泡光亮，将鸡蛋一个个磕入，依次加入面粉、可可粉和过筛的泡打粉，搅拌均匀后放入水果干和坚果，轻轻搅拌。

4. 将面糊倒入模具中，放入烤箱烤50分钟。带模具放凉15分钟后脱模，在网架上放凉。

> **大厨小贴士**
> 这款蛋糕包裹保鲜膜可以冷藏数天，冷冻则可保存长达数周。根据个人喜好也可以省略果干和坚果，做出简单可口的巧克力面包。

热那亚式杏仁方块蛋糕
Carré de Gênes

■ 4~6人份

难易度：★ ☆ ☆
准备时间：20分钟
制作时间：25分钟

■ 原料：
- 杏仁片
- 无盐黄油 60克
- 鸡蛋 4个
- 杏仁膏（杏仁含量33%）200克
- 过筛的面粉 20克
- 过筛的无糖可可粉 10克
- 过筛的泡打粉 1/2小匙

■ 做法：

1. 将烤箱预热至180℃，边长18厘米的方形蛋糕模内刷匀黄油并撒上杏仁片。

2. 将无盐黄油在平底深锅中加热至融化，备用。

3. 将鸡蛋一个一个打入杏仁膏中，持续搅拌5分钟，直到混合物发白并呈现浓稠的纹路，抬起搅拌器时，滴落的混合物形成缎带状。然后放入过筛的面粉、可可粉和泡打粉，最后放入融化的黄油。

4. 将面糊倒入模具中约3/4处，放入烤箱烤25分钟，取出后将蛋糕脱模，在网架上放凉。

香料水梨达克瓦兹配酒香巧克力酱

Dacquoise aux poires épicées et sauce chocolat au vin

6人份

难易度：★★☆
准备时间：1小时30分钟
制作时间：约35分钟

原料：

达克瓦兹

- 蛋清 4个
- 细砂糖 50克
- 过筛的杏仁粉 70克
- 过筛的糖粉 75克
- 过筛的面粉 30克

巧克力淋酱

- 黑巧克力（可可脂含量 55%~70%）90克
- 鲜奶油 100毫升
- 淡味蜂蜜 15克
- 室温回软的无盐黄油 35克

香料水梨

- 水梨 6个
- 柠檬 1/2个
- 无盐黄油 30克
- 淡味蜂蜜 40克
- 肉桂粉、丁香、肉豆蔻粉、胡椒粉各适量

酒香巧克力酱

- 黑巧克力 100克
- 红酒 375毫升
- 八角 3颗
- 水 20毫升
- 细砂糖 30克

做法：

1. 将烤箱预热至170℃，烤盘内铺一张烤盘纸。

2. 达克瓦兹：将蛋清和细砂糖打发，慢慢倒入过筛的杏仁粉、糖粉和面粉。取一只裱花袋装上中号圆形裱花嘴，填入上述混合物。取一个直径8厘米的慕斯模，沿着边缘分别画6个圆圈，将烤盘纸翻面放入烤盘。根据轮廓，用裱花袋从圆心开始挤压并向外绕圈直到填满，将最外圈加厚做成鸟巢状。放入烤箱烤20分钟后，将烤好的鸟巢从烤盘中取出，在网架上放凉。

3. 巧克力淋酱：将黑巧克力切碎后放入碗中。将鲜奶油和蜂蜜倒入平底深锅中煮沸，浇在巧克力碎上，用橡皮刮刀轻轻搅拌至顺滑，放入无盐黄油。将巧克力淋酱均匀地倒在做好的达克瓦兹上，静置至变硬。

4. 香料水梨：水梨去皮，切成两半，留梗去核。用1/2个柠檬搽抹水梨，防止表面氧化变黑。将无盐黄油、蜂蜜和香料在平底深锅中煮沸，放入水梨煎煮15分钟，一边煎煮一边搅拌。

5. 酒香巧克力酱：巧克力切碎。将红酒和八角放入锅中以中火加热，煮沸至红酒收干一半，依次放入巧克力碎、水和细砂糖，再煮沸至巧克力完全融化，用漏斗形筛网过滤，放凉备用。

6. 准备6只温热过的甜品盘，每个盘子中央放入一个达克瓦兹，并在上面放两个切半的热梨，再在四周淋少许酒香巧克力酱即可。

心形巧克力蛋糕
Cœur au chocolat

8~10人份

难易度：★★☆
准备时间：1小时30分钟
制作时间：40分钟
冷藏时间：50分钟

原料：

巧克力蛋糕
- 无盐黄油 140克
- 黑巧克力碎 225克
- 蛋黄 4个
- 细砂糖 150克
- 蛋清 4个
- 过筛的面粉 50克

巧克力淋酱
- 黑巧克力 250克
- 鲜奶油 250毫升

装饰
- 草莓、黑莓、蓝莓各适量

参考第17页制作蛋糕镜面的正确方法。

做法：

1. 将烤箱预热至180℃，心形模具（或直径为24厘米的圆形模具）内刷匀黄油并撒薄面。

2. 巧克力蛋糕：将无盐黄油和切碎的黑巧克力隔水加热至融化。将蛋黄和一半的细砂糖搅拌至浓稠、凝固并膨胀。另碗将蛋清打发，慢慢地分多次加入剩余的细砂糖。将过筛面粉倒入蛋黄和细砂糖的混合物后，放入融化好的巧克力黄油中，再慢慢地分3次将蛋清混入，将面糊静置5分钟后倒入模具，放入烤箱烤40分钟。取出后在网架上放凉后脱模，放入冰箱冷藏20分钟。

3. 巧克力淋酱：巧克力粗切块后放入碗中。将鲜奶油煮沸后浇在巧克力块上，搅拌均匀。将巧克力淋酱静置10分钟，直到可轻松涂匀抹开。

4. 当巧克力蛋糕冷却变硬时切平表面，将巧克力淋酱均匀地涂在整个蛋糕上，放入冰箱冷藏30分钟后取出，以红色水果装饰即可。

> **大厨小贴士** 这款蛋糕冷藏可保存二三天，可以搭配英式奶油酱或鲜奶油一起食用。

喜悦巧克力榛子方块蛋糕
Délice au chocolat

8人份

难易度：★ ☆ ☆
准备时间：1小时
制作时间：20分钟
冷藏时间：1小时

原料：

蛋糕
- 蛋黄 6个
- 细砂糖 130克
- 蛋清 4个
- 过筛的面粉 60克
- 过筛的无糖可可粉 30克
- 榛子粉或杏仁粉 50克
- 黄油 60克

巧克力镜面
- 黑巧克力 100克
- 鲜奶油 100毫升
- 淡味蜂蜜 20克

装饰
- 巧克力米适量

做法：

1. 将烤箱预热至180℃，边长18厘米的方形蛋糕模内刷匀黄油并撒上薄面。

2. 蛋糕：将蛋黄和100克细砂糖充分搅拌至发白起泡。另碗将蛋清打散起泡，再与剩余的30克细砂糖打发至硬性发泡，慢慢倒入蛋黄和细砂糖的混合物。将过筛的面粉和可可粉在另一碗中混合，加入榛子粉，分3次将其倒入之前的混合物中。平底深锅内放入黄油加热至融化，倒入上述混合物。将面糊倒入模具中，放入烤箱烤20分钟，至将餐刀插入蛋糕的中心拔出时，刀身干净不粘面糊。放凉后在网架上脱模。

3. 巧克力镜面：将巧克力切细碎后放入碗中。平底深锅内放入鲜奶油、蜂蜜煮沸，浇在巧克力上，轻轻搅拌至顺滑，放至微温。用橡皮刮刀将镜面均匀地涂抹在整个蛋糕表面，将巧克力米按压在蛋糕侧面，放入冰箱冷藏1小时，至镜面凝固变硬即可。

> **大厨小贴士** 这款蛋糕搭配甜橙味雪葩会更加美味可口。

喜悦巧克力核桃蛋糕

Délice au chocolat et aux noix

8~10人份

难易度：★★☆
准备时间：1小时15分钟
制作时间：约40分钟
冷却时间：2小时
冷藏时间：1小时

原料：

巧克力核桃蛋糕
- 黑巧克力 190克
- 室温回软的无盐黄油 125克
- 黑糖（或红糖）125克
- 蛋黄 2个
- 核桃碎 90克
- 杏仁粉 40克
- 蛋清 2个
- 细砂糖 40克

巧克力镜面
- 黑巧克力 100克
- 鲜奶油 100毫升
- 淡味蜂蜜 20克

装饰
- 白巧克力 50克
- 核桃仁适量

参考第17页制作蛋糕镜面的正确方法。

做法：

1. 将烤箱预热至160℃，在直径20厘米的蛋糕圆模内刷匀黄油并撒上面粉。

2. 巧克力核桃蛋糕：将黑巧克力切细碎，备用。将室温回软的无盐黄油放入碗中，用橡皮刮刀搅拌至浓稠的膏状，加入红糖后持续搅拌至浓稠的乳霜状，依次放入蛋黄、巧克力碎、核桃碎、杏仁粉，备用。将蛋清打发至略微起泡，一点点加入1/3的细砂糖，持续搅打至顺滑光亮，倒入剩余的细砂糖，打发至硬性发泡。小心地将蛋白霜倒入巧克力核桃的混合物搅匀，倒入模具，放入烤箱烤约40分钟，取出后放凉约2小时，放置网架上脱模。

3. 巧克力镜面：将巧克力切细碎后放入碗中。平底深锅内放入鲜奶油、蜂蜜煮沸，浇在巧克力上，轻轻搅拌至顺滑。用橡皮刮刀将镜面均匀地涂抹在整个蛋糕表面上，放入冰箱冷藏1小时直到镜面凝固变硬。

4. 平底深锅内放入白巧克力加热至融化，倒入圆锥形的小纸袋中，在蛋糕上挤出几何图案并撒上核桃仁作装饰即可。

 大厨小贴士 此款蛋糕若仔细地裹上保鲜膜，可以在冰箱冷冻保存数周。

秋叶蛋糕
Feuille d'automne

■ 6人份

难易度：★★★
准备时间：1小时30分钟
制作时间：1小时
冷藏时间：1小时

■ 原料：

杏仁蛋白霜
- 蛋清 4个
- 细砂糖 120克
- 杏仁粉 120克

巧克力慕斯
- 黑巧克力（可可脂含量
  55%）250克
- 蛋清 4个
- 细砂糖 150克
- 鲜奶油 80毫升

装饰
- 黑巧克力 250克
- 无糖可可粉（或糖粉）40克

参考第15页制作蛋白霜、面糊、
油酥面糊圆饼的正确方法。

■ 做法：

1. 将烤箱预热至100℃，两个烤盘内分别铺上烤盘纸。

2. 杏仁蛋白霜：将蛋清打成泡沫状后和细砂糖一起打发至硬性发泡，缓慢地倒入杏仁粉搅匀。将混合物填入装有圆形裱花嘴的裱花袋中，从中心开始向外螺旋挤出3个直径20厘米的圆饼，放入烤箱烤1小时，取出后在网架上放凉，备用。

3. 巧克力慕斯：巧克力切块，用小火隔水加热至融化。将蛋清搅打至凝固的泡沫状。将鲜奶油略微打发。将巧克力从隔水加热的容器中取出，放至微温，用橡皮刮刀将打成泡沫的蛋清与巧克力混合，然后放入打发的鲜奶油，备用。

4. 将烤箱预热至50℃，放入两个烤盘。将装饰用巧克力切块后隔水加热至融化，备用。

5. 将第一块蛋白霜圆饼摆入盘中，薄薄地涂上一层巧克力慕斯。将第二块蛋白霜圆饼摆上，重复之前的步骤，预留出一些巧克力慕斯稍后做装饰用。摆上最后一块蛋白霜圆饼，放入冰箱冷藏30分钟。

6. 在此期间，将两个烤盘从烤箱中取出，在每个烤盘上薄薄地涂上一层巧克力，放入冰箱底层冷却10分钟。将蛋糕表面涂抹上预留的巧克力慕斯，用抹刀修饰平整，放入冰箱继续冷藏20分钟。当烤盘中的巧克力开始凝固，从冰箱中取出烤盘，室温下回温。用三角刮刀刮起一大片巧克力并形成波浪皱褶，收集成形的大片叶状巧克力，将其中一部分摆在蛋糕顶部周围，并向上聚合，将剩余较小片的巧克力叶片摆在蛋糕顶部中间，轻轻撒上可可粉（或糖粉）即可。

草莓巧克力蛋糕
Fraisier au chocolat

▌6~8人份

难易度：★★★

准备时间：2小时

制作时间：约25分钟

冷藏时间：1小时20分钟

▌原料：

海绵蛋糕
- 鸡蛋 4个
- 细砂糖 125克
- 过筛的面粉 125克

樱桃酒糖浆
- 水 150毫升
- 细砂糖 150克
- 樱桃酒 1.5大匙

巧克力慕斯林奶油
- 牛奶巧克力 160克
- 细砂糖 75克
- 蛋黄 3个
- 玉米粉 30克
- 牛奶 400毫升
- 室温回软的无盐黄油 200克
- 对半切开的草莓 500克

装饰
- 糖粉
- 杏仁膏（冷藏至少 1小时）
  200克
- 对半切开的草莓适量
- 融化的黑巧克力适量

▌做法：

1. 将烤箱预热至180℃，在直径20厘米的圆模内刷匀黄油。

2. 海绵蛋糕：将鸡蛋、细砂糖放入碗中隔水加热、搅打均匀，取出隔水加热的碗用电动搅拌器以高速打发，至混合物发白。小心地将过筛面粉分二三次混入。将面糊倒入模具约3/4处，放入烤箱烤25分钟，至表面变硬但摸起来仍有弹性时取出，在网架上脱模后放凉。

3. 樱桃酒糖浆：平底深锅内放入水、细砂糖煮沸，放凉后倒入樱桃酒。

4. 巧克力慕斯林奶油：将巧克力切块后放入碗中。另碗将蛋黄、2/3的细砂糖和玉米粉混合。将牛奶和剩余的1/3的细砂糖煮沸，慢慢地将一部分甜牛奶倒入蛋黄、细砂糖的混合物中。将上述材料再次倒回锅中，不断搅拌至沸腾，淋在巧克力块上后搅拌至融化顺滑。盖上保鲜膜，放凉。在此期间，用橡皮刮刀搅拌室温回软的无盐黄油，至呈现浓稠的膏状。待巧克力奶油冷却后，用电动搅拌器混入无盐黄油，再将做好的巧克力慕斯林奶油放入冰箱冷藏20分钟。

5. 沿着直径22厘米的慕斯模内侧放上对半切好的草莓（切面贴住模具）。将海绵蛋糕横切成大小均匀的两层，一层放入模具中，用樱桃酒糖浆浸透并涂上一部分巧克力慕斯林奶油，将剩余的草莓放在上面。将另一片海绵蛋糕叠放在上面，用糖浆浸透后，铺上剩余的慕斯林奶油，放入冰箱冷藏1小时后脱模。

6. 操作台上撒糖粉，用擀面杖将杏仁膏擀开二三毫米厚，用慕斯圈模在上面切割出一个圆形，摆放在蛋糕上。最后用草莓、融化的黑巧克力或预留的巧克力慕斯林奶油做成玫瑰花饰作装饰即可。

杏仁巧克力蛋糕

Gâteau au chocolat et aux amandes

▌ 8人份

难易度：★ ☆ ☆
准备时间：30分钟
制作时间：40分钟
冷藏时间：30分钟

▌ 原料：

杏仁巧克力蛋糕
- 黑巧克力 150克
- 室温回软的无盐黄油 170克
- 黑糖（或红糖、黄糖）
  115克
- 鸡蛋 3个
- 杏仁粉 175克
- 细砂糖 35克

鲜奶油香缇
- 鲜奶油 250毫升
- 香草精几滴
- 糖粉 25克

装饰
- 杏仁片 2大匙

▌ 做法：

1. 将烤箱预热至150℃，将直径22厘米的咕咕霍夫模内刷匀黄油。

2. 杏仁巧克力蛋糕：将黑巧克力切碎，隔水加热至融化。将黄油和红糖混合搅拌至呈现浓稠的膏状。将蛋黄和蛋清分离，分3次将蛋黄放入混合物中，每次搅拌均匀后再放入下一个，接着放入杏仁粉和融化的黑巧克力，备用。将蛋清打发至凝固的泡沫状，慢慢放入细砂糖，打发至顺滑光亮。取1/3打发的蛋清，放入巧克力的混合物中，然后倒入剩余的蛋清。将材料倒入模具中，放入烤箱烤40分钟，直到将餐刀插入蛋糕中心，抽出后刀身干净不粘面糊。待蛋糕完全冷却后在网架上脱模。

3. 鲜奶油香缇：将鲜奶油和香草精混合后用搅拌器打发至浓稠，加入糖粉，继续打至全发。将裱花袋装上星形裱花嘴，将鲜奶油香缇挤在蛋糕顶部，并撒上杏仁片装饰。

大厨小贴士 制作鲜奶油香缇时，为了能够更加轻松地打发，需选择足够深的碗，并和鲜奶油一起提前放入冰箱冷藏15分钟。此外，可以黄糖或红糖代替黑糖使用。

苦味巧克力蛋糕

Gâteau au chocolat amer

8人份

难易度：★ ☆ ☆

准备时间：35分钟
制作时间：45分钟
冷藏时间：30分钟

原料：

• 室温回软的无盐黄油 125克
• 细砂糖 200克
• 鸡蛋 4个
• 过筛的面粉 150克
• 过筛的无糖可可粉 40克

巧克力淋酱

• 黑巧克力（可可脂含量
  55%~70%）200克
• 鲜奶油 200毫升

装饰

• 巧克力米 150克

参考第14页制作基础巧克力淋
酱的正确方法。

做法：

1. 将烤箱预热至180℃，在直径20厘米的圆模内刷匀黄油。

2. 将无盐黄油放入碗中，用橡皮刮刀搅拌至浓稠的膏状，加入细砂糖，继续搅拌至乳霜状，分4次加入鸡蛋，注意不要过度搅拌，以免空气进入。小心地加入过筛的面粉和可可粉。将面糊倒入模具，放入烤箱烤45分钟，直到餐刀插入蛋糕中心，抽出后刀身无面糊粘附为止。取出后在网架上脱模、放凉。

3. 巧克力淋酱：将巧克力切碎后放入碗中。将鲜奶油在锅中煮沸后浇在巧克力碎上，用橡皮刮刀轻轻搅拌均匀。

4. 用锯齿刀将蛋糕横切成大小均匀的两层，将其中一层放在盘子中，用抹刀薄薄地涂1.5厘米厚的一层巧克力淋酱，将另一层盖在上面，放入冰箱冷藏30分钟。

5. 将剩余的巧克力淋酱铺在蛋糕上，用巧克力米装饰四周。最后，将锯齿刀泡热水后，在蛋糕表面画出同心圆花纹进行装饰。

 **大厨
小贴士**　如果蛋糕太干，可以根据喜好，将蛋糕用糖浆浸泡。此款蛋糕还可以使用鲜奶油香缇做成玫瑰花饰进行装饰。

樱桃巧克力蛋糕

Gâteau au chocolat et aux cerises

8人份

难易度： ★★☆
准备时间： 2小时
制作时间： 约30分钟
冷藏时间： 1小时30分钟

原料：

巧克力海绵蛋糕

- 无盐黄油 20克
- 鸡蛋 4个
- 细砂糖 125克
- 过筛的面粉 90克
- 过筛的无糖可可粉 30克

糖浆

- 水 100毫升
- 细砂糖 80克

巧克力慕斯

- 黑巧克力 200克
- 鲜奶油 400毫升
- 罐装去核糖渍樱桃 25颗

做法：

1. 将烤箱预热至180℃，在直径20厘米的圆模内刷匀黄油。

2. **巧克力海绵蛋糕：** 将无盐黄油在平底深锅中加热至融化。将鸡蛋和细砂糖放入碗中，隔水加热并持续搅拌5~8分钟，直到混合物发白并呈现浓稠的纹路，当抬起搅拌器时，滴落的混合物不断形成缎带状。将碗从隔水加热的容器中取出，用电动搅拌器以最高速搅拌至冷却。分二三次加入过筛的面粉和可可粉，然后迅速地倒入微温的黄油。将面糊倒入模具中，放入烤箱烤25分钟，直到海绵蛋糕表面变硬但摸上去仍柔软有弹性，并且将餐刀插入蛋糕中心，拔出后刀身不粘面糊。放凉几分钟，在网架上脱模。

3. **糖浆：** 将水和细砂糖煮沸，离火放凉。

4. **巧克力慕斯：** 将巧克力切块后放入碗中，隔水加热至融化。将鲜奶油打发至凝固。将2/3的鲜奶油倒入融化的巧克力中，用力打发，然后加入剩余的鲜奶油，将做好的慕斯用保鲜膜封好，置于阴凉处30分钟。

5. 将海绵蛋糕横着切成厚度相同的两片，将第一片摆在盘中，用毛刷刷匀糖浆，然后厚厚地铺上一层巧克力慕斯，将樱桃摆放在慕斯上。将第二片蛋糕浸透糖浆，盖在第一块蛋糕上，放入冰箱冷藏1小时，取出后用剩余的巧克力慕斯和樱桃装饰即可。

大厨小贴士 要想让做好的蛋糕看起来更具专业水准，可以使用装有星形裱花嘴的裱花袋为蛋糕挤上巧克力慕斯。

覆盆子巧克力蛋糕

Gâteau au chocolat et à la framboise

▌ 8~10人份

难易度：★ ★ ☆

准备时间： 2小时30分钟

制作时间： 8分钟

冷藏时间： 1小时10分钟

▌ 原料：

巧克力指形蛋糕

• 鸡蛋 4个

• 细砂糖 125克

• 过筛的面粉 90克

• 过筛的无糖可可粉 30克

覆盆子糖浆

• 水 100毫升

• 细砂糖 50克

• 覆盆子利口酒 50毫升

巧克力慕斯

• 黑巧克力（可可脂含量 55%）250克

• 鲜奶油 500毫升

巧克力镜面

• 黑巧克力 140克

• 鲜奶油 200毫升

• 淡味蜂蜜 25克

装饰

• 新鲜覆盆子 350克

参考第17页制作蛋糕镜面的正确方法。

▌ 做法：

1. 将烤箱预热至180℃，根据烤箱的大小，准备一二个烤盘，在烤盘纸上画出3个直径20厘米的圆圈，翻面后铺放在烤盘中。

2. 巧克力指形蛋糕：将蛋黄和蛋清分离。将蛋黄和一半的细砂糖放入碗中，搅打至泛白起泡。将蛋清和另一半细砂糖混合，打发至硬性发泡，然后慢慢倒入蛋黄和细砂糖的混合物中，小心地放入过筛的面粉和可可粉。将面糊倒入装有圆形裱花嘴的裱花袋中，依照之前画好的轮廓，从中间向外螺旋挤出3个面糊圆饼填满整个圆圈，放入烤箱烤8分钟，取出后静置备用。

3. 覆盆子糖浆：将水和细砂糖倒入锅中煮沸，然后倒入碗中，待糖浆放凉后加入覆盆子利口酒。

4. 巧克力慕斯：将巧克力粗切碎后放入碗中，隔水加热至融化。将鲜奶油打发后，全部倒在热巧克力上，迅速搅拌并快速打发。

5. 巧克力镜面：将巧克力切细碎后放入碗中，平底深锅内放入鲜奶油和蜂蜜煮沸，浇在巧克力上，搅拌均匀。

6. 将一块巧克力指形蛋糕用覆盆子糖浆浸泡，铺上1/3的巧克力慕斯，撒上1/3的覆盆子。取另一块蛋糕重复上述步骤，叠放在第一块蛋糕上。放上最后一块蛋糕，用橡皮刮刀将剩余的1/3的巧克力慕斯涂抹在蛋糕上，放在阴凉处静置20分钟。将巧克力镜面再次加热，然后浇在蛋糕上，用抹刀将表面和四周涂抹平整。放入冰箱冷藏50分钟，待巧克力镜面凝固后取出，用剩余的新鲜覆盆子装饰后即可食用。

榛子巧克力蛋糕
Gâteau au chocolat et aux noisettes

■ 6~8人份

难易度：★ ☆ ☆

准备时间：20分钟

制作时间：35分钟

■ 原料：

- 牛奶 130毫升
- 细砂糖 100克
- 香草荚 1根
- 黑巧克力（可可脂含量 55%~70%）100克
- 榛子巧克力酱 35克
- 室温回软的无盐黄油 30克
- 鸡蛋 2个
- 过筛的面粉 100克
- 过筛的泡打粉 1小匙
- 榛子粉 25克

■ 做法：

1. 将烤箱预热至180℃，在直径20厘米的圆模内刷匀黄油。

2. 香草荚用刀剖成两半并用刀尖将籽刮掉；锅内放入牛奶、20克细砂糖、香草荚，煮沸后放凉。

3. 将巧克力、榛子巧克力酱一起隔水加热至融化。

4. 将室温回软的无盐黄油和剩余的细砂糖搅打至浓稠的膏状，将鸡蛋一个个放入，每放一个充分搅拌后再放下一个。加入融化的巧克力和榛子巧克力酱，然后放入1/3的过筛面粉和泡打粉。

5. 将香草荚从牛奶中捞出，分2次将牛奶和剩余的过筛面粉和泡打粉倒入巧克力面糊中，最后放入榛子粉。

6. 将面糊倒入模具中，放入烤箱烤35分钟，待完全冷却后脱模。

大厨小贴士

可以使用25克榛子仁替代榛子粉。将榛子磨碎，撒在铺着烤盘纸的烤盘上，放入160℃的烤箱中烤5分钟，让榛子略微上色即可。

妈妈的蛋糕
Gâteau de maman

▎10~12人份

难易度： ★ ☆ ☆
准备时间： 20分钟
制作时间： 30~35分钟

▎原料：

- 黑巧克力 195克
- 无盐黄油 150克
- 鸡蛋 6个
- 细砂糖 300克
- 过筛的面粉 95克
- 咖啡精 1大匙

▎做法：

1. 将烤箱预热至160℃，将2.5升的烤盆内刷匀黄油。

2. 将巧克力粗切碎，和无盐黄油一起隔水加热至融化。

3. 将3个鸡蛋的蛋黄和蛋清分离。将蛋黄、剩下的3个完整的鸡蛋和250克细砂糖放入碗中，搅拌至浓稠发泡。另碗将蛋清和剩余的细砂糖混合，搅打至硬性发泡。

4. 慢慢地将融化的巧克力黄油倒入蛋黄和细砂糖的混合物中，再依次放入打发的蛋白、过筛的面粉和咖啡精。将面糊倒入烤盆中。

5. 将烤盆放入装有热水的更大的容器中，放入烤箱隔水加热30~35分钟，直到只有蛋糕中心呈可晃动的未凝固状态，从烤箱中取出，稍冷却后即可食用。

> **大厨小贴士**
>
> 可以自己制作咖啡精：将80克研磨咖啡粉浸泡在150毫升的热水中，还可加入1小匙等量的速溶咖啡。此款蛋糕可以搭配应季水果一起食用，风味更佳。

无花果巧克力软心蛋糕
Gâteau moelleux au chocolat et aux figues

▌8人份

难易度：★ ☆ ☆
浸泡时间：1个晚上
准备时间：1小时
制作时间：45分钟

▌原料：

- 无花果干 200克
- 麝香葡萄酒 1/2瓶
- 牛奶 120毫升
- 细砂糖 100克
- 香草荚 1/2根
- 黑巧克力（可可脂含量 55%~70%）100克
- 室温回软的无盐黄油 30克
- 鸡蛋 2个
- 过筛的面粉 100克
- 过筛的泡打粉 1/2小匙

▌做法：

1. 制作的前一晚，将无花果干放入碗中，倒入麝香葡萄酒没过并浸泡过夜。

2. 制作当天，将烤箱预热至180℃，在直径20厘米的圆模内刷匀黄油。

3. 香草荚用刀剖成两半并用刀尖将籽刮掉；锅内放入牛奶、20克细砂糖、香草荚，煮沸后立即熄火，放凉备用。

4. 将无花果捞出、沥干，并切成小块。

5. 将巧克力粗切碎，隔水加热至融化，放凉待用。

6. 将室温回软的无盐黄油和剩余的细砂糖混合搅拌至浓稠的乳霜状，倒入融化的巧克力，并一个个加入鸡蛋，每放一个搅拌均匀后再放下一个。慢慢地倒入1/3的过筛面粉和泡打粉。捞出香草荚，倒入1/2已放凉的牛奶，再放入1/3的过筛面粉和泡打粉以及剩下的一半牛奶，然后放入1/3的过筛面粉和泡打粉。最后，用橡皮刮刀将无花果块混入面糊中。将面糊倒入模具约3/4处，放入烤箱烤约45分钟，直到将餐刀插入蛋糕中心，抽出后刀身无材料粘附为止。待几分钟后蛋糕放凉，脱模即可。

大厨小贴士 食谱中的无花果干可以用其他果干代替，比如梨干、桃干或者杏干等。

杏干巧克力粗麦蛋糕

Gâteau de semoule au chocolat et à l'abricot

6人份

难易度：★ ☆ ☆

准备时间：45分钟

制作时间：50~55分钟

冷却时间：2小时

原料：

- 牛奶 500毫升
- 细砂糖 60克
- 香草荚 1根
- 杏干 60克
- 粗粒小麦粉 80克
- 鸡蛋 3个
- 巧克力豆 60克

装饰

- 新鲜覆盆子、新鲜的杏子、新鲜薄荷叶、覆盆子酱各适量

做法：

1. 香草荚用刀剖成两半并用刀尖将籽刮掉；锅内放入牛奶、一半的细砂糖、香草荚煮沸。将杏干切丁后放入牛奶中，煮沸后捞出香草荚，慢慢地倒入小麦粉，不断翻拌，以小火熬煮20~25分钟，直到小麦粉吸收一部分牛奶，待小麦粉煮熟后离火，放至微温后备用。

2. 将烤箱预热至160℃，在直径20厘米的圆模内刷匀黄油，放在烤盘纸上，沿模具边缘画出轮廓，裁剪出一个模具大小的圆，摆放在圆模底部。

3. 将鸡蛋和剩余的细砂糖在碗中搅拌均匀，与小麦面糊混合。将面糊倒入模具中，撒上巧克力豆，放入烤箱烤30分钟，取出后放凉至少2小时，脱模。

4. 将蛋糕均匀地切成几等份，用新鲜薄荷叶装饰，搭配新鲜覆盆子、杏以及覆盆子酱一起食用即可。

 大厨小贴士 可以在倒入小麦粉和巧克力豆前，在圆模内涂匀焦糖，脱模后蛋糕就会裹上一层酥脆的焦糖。

覆盆子巧克力海绵蛋糕

Génoise au chocolat et à la framboise

8人份

难易度：★ ☆ ☆
准备时间：30分钟
制作时间：25分钟

原料：

巧克力海绵蛋糕
- 无盐黄油 20克
- 鸡蛋 4个
- 细砂糖 125克
- 过筛的面粉 90克
- 过筛的无糖可可粉 30克

- 覆盆子果酱 120克
- 糖粉适量

做法：

1. 将烤箱预热至180℃，在直径20厘米的圆模内刷匀黄油。

2. **巧克力海绵蛋糕**：将无盐黄油在平底深锅中加热至融化，离火后放至微温。将鸡蛋和细砂糖隔水加热并持续用搅拌器搅拌5~8分钟，直到混合物泛白并呈现浓稠的纹路，将搅拌器抬起时滴落的混合物能够不断形成缎带状。将混合物从隔水加热的容器中取出，用电动搅拌器以最高速搅拌至冷却。分二三次加入过筛的面粉和可可粉，然后迅速地倒入微温的黄油。将面糊倒入模具中，放入烤箱烤25分钟，直到海绵蛋糕摸起来柔软有弹性，边缘变硬且脱离模具。放凉数分钟后，在网架上脱模。

3. 用锯齿刀将放凉的海绵蛋糕横切成大小均匀的两片，在第一片上涂匀覆盆子果酱，将另一块盖在上面，撒糖粉即可食用。

> **大厨小贴士** 制作这款海绵蛋糕时，隔水加热时的水温不宜过高，以便面糊保持体积，且让蛋糕能够适当地膨胀并且拥有清淡的口味。

巧克力大理石蛋糕
Marbré au chocolat

8人份

难易度：★ ☆ ☆
准备时间：30分钟
制作时间：50分钟

原料：

- 室温回软的无盐黄油 250克
- 糖粉 260克
- 鸡蛋 6个
- 朗姆酒 50毫升
- 过筛的面粉 300克
- 过筛的泡打粉 2小匙
- 无糖可可粉 25克
- 牛奶 40毫升

做法：

1. 将烤箱预热至180℃，将长28厘米、宽10厘米的长形蛋糕模具内刷匀黄油并撒薄面。

2. 将室温回软的无盐黄油和细砂糖搅拌至浓稠的乳霜状，一个个加入鸡蛋，每个鸡蛋搅拌均匀后再放下一个。倒入朗姆酒后，混入过筛的面粉和泡打粉。将一半的面糊倒入另一碗中。将可可粉与牛奶充分混合，再倒入剩下一半的面糊中。

3. 用两个大汤匙，轮流将牛奶面糊和可可面糊填入模具中，放入烤箱烤50分钟，直到将餐刀插入蛋糕中心，抽出后刀身没有材料粘附为止。

大厨小贴士 可以使用2个长18厘米的模具，相应地，烘烤时间需要缩短至20分钟。

开心果巧克力大理石蛋糕

Marbré au chocolat et à la pistache

▌ 15人份

难易度： ★ ☆ ☆

准备时间：40分钟

制作时间：1小时

冷却时间：10分钟

▌ 原料：

巧克力面糊

• 无盐黄油 60克

• 鸡蛋 3个

• 细砂糖 210克

• 鲜奶油 90毫升

• 盐 1小撮

• 过筛的面粉 135克

• 过筛的无糖可可粉 30克

• 过筛的泡打粉 1小匙

开心果面糊

• 无盐黄油 60克

• 水 1大匙

• 细砂糖 200克

• 淡味蜂蜜 1小匙

• 开心果 35克

• 鸡蛋 3个

• 鲜奶油 90毫升

• 盐 1小撮

• 过筛的面粉 165克

• 过筛的泡打粉 1小匙

▌ 做法：

1. 将烤箱预热至160℃，将长28厘米的长形模具内刷匀黄油。

2. 巧克力面糊：平底深锅内放入无盐黄油加热至融化，静置数分钟放凉。将鸡蛋和细砂糖在碗中搅打至泛白起泡，再放入鲜奶油、融化的黄油和盐，最后倒入过筛的面粉、泡打粉、可可粉。

3. 开心果面糊：平底深锅放入黄油加热至融化，但不要上色，静置数分钟放凉。将水、20克细砂糖和蜂蜜放入锅中煮沸。将开心果倒入食物加工机，打碎至极细的粉末，倒在糖浆上，持续搅拌至柔软的面糊。另碗将鸡蛋、开心果面糊和剩余的细砂糖搅拌至发白起泡，再依次加入鲜奶油、融化的黄油、盐、过筛的面粉和泡打粉。

4. 用两只大汤匙，先将开心果面糊放入模具，然后放入巧克力面糊，以形成大理石花纹。放入烤箱烤1小时，直到将餐刀插入蛋糕中心，抽出后刀身无材料粘附为止。取出后，静置放凉10分钟，然后在网架上将大理石蛋糕脱模。

大厨小贴士 仔细地将这款蛋糕用保鲜膜裹好，放入冰箱冷冻保存可达数星期，冷藏也可保存数日。

神奇巧克力蛋糕
Merveilleux

8~10人份

难易度：★★★

准备时间：1小时30分钟

制作时间：约30分钟

冷藏时间：25分钟

原料：

巧克力海绵蛋糕

- 无盐黄油 20克
- 鸡蛋 4个
- 细砂糖 125克
- 过筛的面粉 90克
- 过筛的无糖可可粉 30克

焦糖核桃奶油酱

- 鲜奶油 70毫升
- 蜂蜜 20克
- 细砂糖 100克
- 切碎的核桃 70克

糖杏仁巧克力慕斯

- 黑巧克力 150克
- 杏仁糖膏 75克（参考第278页的做法）
- 鲜奶油 250毫升

装饰

- 切碎的核桃 150克
- 巧克力刨花（参考第189页的做法）

做法：

1. 将烤箱预热至180℃，将直径20厘米的圆模内刷匀黄油。

2. 巧克力海绵蛋糕：将无盐黄油在平底深锅中加热至融化，离火后放至微温。将鸡蛋和细砂糖隔水加热并持续搅拌5~8分钟，直到混合物泛白并呈现浓稠的纹路，将搅拌器抬起时滴落的混合物能够不断形成缎带状。将混合物从隔水加热的容器中取出，用电动搅拌器以最高速搅拌至冷却。分二三次放入过筛的面粉和可可粉，然后迅速加入微温的黄油。将面糊倒入模具，放入烤箱烤25分钟，直到海绵蛋糕变得柔软且脱离烤盘纸为止。静置数分钟放凉后，在网架上脱模。

3. 焦糖核桃奶油酱：将鲜奶油和蜂蜜煮沸，离火备用。另取一口平底深锅，倒入细砂糖，慢慢加热至融化成为金黄色的焦糖。将鲜奶油和蜂蜜的混合物缓缓倒在焦糖上，不断左右晃动平底深锅。放入核桃，将焦糖核桃奶油酱倒入碗中，室温下静置放凉。

4. 糖杏仁巧克力慕斯：将巧克力切块和杏仁糖膏一起隔水加热至融化。将鲜奶油打至全发，倒入热巧克力和杏仁糖膏的混合物中，用搅拌器以极快的速度搅拌均匀，放入冰箱冷藏保存。

5. 用锯齿刀将海绵蛋糕横切成相同厚度的两片。在其中一片上先铺一层焦糖核桃奶油酱，接着再涂上一层糖杏仁巧克力慕斯，将另一片放在上面后放入冰箱冷藏15分钟。取出后将剩余的糖杏仁巧克力慕斯涂抹在整个蛋糕上，四周按压核桃碎，再次放入冰箱冷藏10分钟，取出后将巧克力刨花摆在蛋糕上即可。

巧克力软心蛋糕配开心果奶油酱

Moelleux au chocolat et crème à la pistache

▌ 4人份

难易度：★ ☆ ☆
准备时间：20分钟
制作时间：12分钟

▌ 原料：

开心果奶油酱
• 切碎的开心果 20克
• 牛奶 250毫升
• 蛋黄 3个
• 细砂糖 60克
• 香草精 1~2滴

巧克力软心蛋糕
• 黑巧克力（可可脂含量
  55%~70%）125克
• 无盐黄油 125克
• 鸡蛋 3个
• 细砂糖 125克
• 过筛的面粉 40克

▌ 做法：

1. 开心果奶油酱：开心果放在烤架上烤2分钟，晃动烤架，避免局部过热烤煳，然后将烤好的开心果放入食物料理机中磨成粉。将牛奶以小火慢慢煮沸。将蛋黄、细砂糖搅拌至泛白起泡，倒入1/3煮沸的牛奶后搅拌均匀。将混合物倒入装有牛奶的平底深锅中小火熬煮，不断用木勺慢慢搅拌，直到混合物变稠并附着于勺背（注意请勿将奶油酱煮沸），立即离火，用漏斗形筛网过滤，然后加入香草精和开心果粉，待开心果奶油酱放凉后，放入冰箱冷藏备用。

2. 巧克力软心蛋糕：将烤箱预热至180℃，在烤盘内铺一张烤盘纸。将4个直径为7.5厘米的圆形中空模内刷匀黄油，放在烤盘上。将巧克力和黄油隔水加热至融化，将鸡蛋和细砂糖在碗中搅拌至起泡，倒入巧克力和黄油的混合物中，放入过筛的面粉。将面糊分别装入4个模具中，放至微温，然后放入烤箱烤12分钟。

3. 将巧克力软心蛋糕摆在盘中，脱模，四周淋开心果奶油酱。

> **大厨小贴士**
>
> 若没有圆形中空模，可用小烤模烘烤软心蛋糕。这款甜点还可以搭配新鲜或者糖渍的梨片，更加美味诱人。

王的蛋糕
Pavé du roy

6人份

难易度：★ ☆ ☆
准备时间：35分钟
制作时间：12分钟
冷藏时间：30分钟

原料：

杏仁巧克力蛋糕
- 杏仁粉 120克
- 糖粉 150克
- 鸡蛋 2个
- 蛋黄 4个
- 过筛的面粉 25克
- 过筛的无糖可可粉 25克
- 蛋清 5个
- 细砂糖 60克

巧克力淋酱
- 黑巧克力 300克
- 鲜奶油 300毫升

朗姆酒糖浆
- 水 100毫升
- 细砂糖 100克
- 朗姆酒 2小匙

参考第14页制作基础巧克力淋酱的正确方法。

做法：

1. 将烤箱预热至180℃，烤盘内铺长38厘米、宽30厘米的烤盘纸。

2. 杏仁巧克力蛋糕：将杏仁粉、糖粉、鸡蛋和蛋黄在碗中混合搅拌约5分钟，然后放入过筛的面粉和可可粉。取一只大碗，将5个蛋清和细砂糖混合，打发成泡沫状，慢慢倒入可可的混合物中。将面糊在烤盘中铺平，放入烤箱烤12分钟。

3. 巧克力淋酱：将巧克力切细碎后放入碗中。将鲜奶油在平底深锅中煮沸，浇在巧克力上并用橡皮刮刀搅拌至顺滑，静置至巧克力淋酱可以轻松抹开为止。

4. 朗姆酒糖浆：将水和细砂糖在锅中煮沸，倒入碗中，放凉后倒入朗姆酒。

5. 将蛋糕平均地分成三等份。将第一块浸适量糖浆，并薄薄地涂匀一层巧克力淋酱，重复上述步骤制作另外两块蛋糕，预留一些巧克力淋酱作为装饰用。将蛋糕放入冰箱冷藏30分钟。

6. 将剩余的巧克力淋酱涂抹在蛋糕表面。将锯齿刀泡热水，在蛋糕表面划出波浪花纹。

大厨小贴士 为了让蛋糕的口感更好，食用前提早30分钟从冰箱中取出，则口感柔软顺滑。

64 法国蓝带巧克力宝典

佛罗伦汀迷你达克瓦兹

Petites dacquoises et leurs florentins

▋ 4人份

难易度：★ ★ ★

准备时间：1小时30分钟

制作时间：约30分钟

冷藏时间：15分钟

▋ 原料：

达克瓦兹

- 糖粉 150克
- 杏仁粉 150克
- 蛋清 4个
- 细砂糖 50克

佛罗伦汀焦糖饼干

- 鲜奶油 100毫升
- 无盐黄油 50克
- 淡味蜂蜜 50克
- 细砂糖 75克
- 糖渍樱桃 50克
- 糖渍甜橙 50克
- 杏仁片 125克
- 面粉 20克

牛奶巧克力慕斯

- 牛奶巧克力 200克
- 鲜奶油 300毫升

参考第15页制作蛋白霜、面糊、油酥面糊圆饼的正确方法。

▋ 做法：

1. 将烤箱预热至200℃，在烤盘纸上分别画出4个直径8厘米、4个直径7厘米、4个直径6厘米和4个直径5厘米的圆圈，翻面后分别铺在两个烤盘中。

2. 达克瓦兹：将糖粉和杏仁粉过筛。将蛋清、细砂糖打发成泡沫状，慢慢地倒入过筛的糖粉和杏仁粉。将材料倒入装有中号圆形裱花嘴的裱花袋中，依照之前画好的轮廓，从中心向外螺旋挤出16个圆形面糊。放入烤箱烤12分钟，取出后立刻将16个达克瓦兹连同烤盘纸拿出烤盘，以免余温使达克瓦兹变干。

3. 佛罗伦汀焦糖饼干：将烤箱的温度降至180℃。将鲜奶油、黄油、蜂蜜和细砂糖放入平底深锅中，小火加热至烹饪温度计达到110℃。将樱桃切两半，甜橙切丁，连同杏仁片和面粉一同放入碗中，混合均匀后倒入鲜奶油黄油面糊中，小心搅拌，以免弄碎杏仁片。将面糊在烤盘中铺成约3厘米厚，放入烤箱烤15分钟至面糊略呈金黄色，取出后放凉几分钟，切成小方块或者三角形备用。

4. 牛奶巧克力慕斯：将巧克力粗切块后放入碗中，隔水加热至融化。另碗将鲜奶油打发后倒在微温的巧克力上，继续快速打发。

5. 将牛奶巧克力慕斯倒入装有圆形裱花嘴的裱花袋中，在4个直径8厘米的达克瓦兹上挤出圆球状，分别放4个直径7厘米的达克瓦兹，再挤上巧克力慕斯球，重复上述步骤完成直径6厘米和直径5厘米的达克瓦兹，形成交错的金字塔。放入冰箱冷藏15分钟后取出，在顶端摆上佛罗伦汀焦糖饼干即可食用。

巧克力磅蛋糕
Quatre-quarts au chocolat

12人份

难易度：★ ☆ ☆

准备时间：15分钟

制作时间：45分钟

原料：

• 室温回软的黄油 250克
• 细砂糖 250克
• 鸡蛋 5个
• 过筛的面粉 200克
• 过筛的泡打粉 1小匙
• 过筛的无糖可可粉 50克

做法：

1. 将烤箱预热至180℃，将长25厘米、宽8厘米的长形模具内刷匀黄油并撒薄面。

2. 将室温回软的黄油在碗中搅拌至浓稠的膏状，加入细砂糖继续搅拌至光亮起泡，将鸡蛋一个个磕入，每放一个鸡蛋搅拌均匀后再放下一个，然后倒入过筛的面粉、泡打粉和可可粉。

3. 将做好的面糊倒入模具约3/4处，放入烤箱烤45分钟，直到将餐刀插入蛋糕中心，抽出后刀身无材料粘附为止。从烤箱中取出后在网架上脱模，放至微温或冷却后食用。

> **大厨小贴士** 使用搅拌至膏状的黄油代替加热融化的黄油，会让这款蛋糕变得清爽不腻。

巧克力豆磅蛋糕
Quatre-quarts au chocolat tout pépites

▌ 12人份

难易度：★ ☆ ☆
准备时间：15分钟
制作时间：45分钟

▌ 原料：

- 室温回软的黄油 250克
- 细砂糖 250克
- 鸡蛋 5个
- 过筛的面粉 200克
- 巧克力豆 50克
- 朗姆酒 50毫升

▌ 做法：

1. 将烤箱预热至180℃，在长25厘米、宽8厘米的长形模具内刷匀黄油并撒薄面。

2. 将室温回软的无盐黄油在碗中搅拌至浓稠的膏状，放入细砂糖后持续搅拌至发亮起泡，将鸡蛋一个个磕入，每放一个鸡蛋搅拌均匀后再放下一个，然后倒入过筛的面粉和巧克力豆。

3. 将面糊倒入模具中约3/4处，放入烤箱烤45分钟，直到将餐刀插入蛋糕中心，抽出后刀身无材料粘附为止。将蛋糕从烤箱中取出，在网架上脱模，趁蛋糕温热时刷朗姆酒，待微温或放凉后食用。

> **大厨小贴士** 根据个人喜好，将朗姆酒提先倒入面糊中再进行烘烤。

浓郁诱人的蛋糕 **69**

君度巧克力卷
Roulade chocolat au Cointreau

▌ 12人份

难易度：★★☆

准备时间：1小时30分钟

制作时间：8分钟

冷藏时间：20分钟

▌ 原料：

巧克力指形蛋糕

- 蛋黄 3个
- 细砂糖 75克
- 蛋清 3个
- 过筛的面粉 70克
- 过筛的无糖可可粉 15克

君度奶油酱

- 明胶 1片
- 牛奶 330毫升
- 蛋黄 3个
- 细砂糖 70克
- 面粉 20克
- 玉米粉 20克
- 君度香橙 20毫升
- 鲜奶油 150毫升

君度糖浆

- 水 150毫升
- 细砂糖 70克
- 君度香橙 20毫升

巧克力鲜奶油

- 黑巧克力 80克
- 鲜奶油 300毫升

配料

- 覆盆子果酱适量

▌ 做法：

1. 将烤箱预热至200℃，烤盘内铺长38厘米、宽30厘米的烤盘纸。

2. 巧克力指形蛋糕：将蛋黄和一半的细砂糖在碗中搅拌至发白起泡。将蛋清和另一半细砂糖混合并打发至硬性发泡，慢慢地倒入蛋黄和细砂糖的混合物中，然后放入过筛的面粉和可可粉。将面糊倒入烤盘中，用抹刀整平，放入烤箱烤8分钟，取出后在网架上放凉。

3. 君度奶油酱：将明胶在冷水中浸软，备用。将牛奶在平底深锅中加热至沸腾，离火。将蛋黄和细砂糖搅拌至泛白顺滑，加入面粉、玉米粉，将一部分热牛奶浇在上面。将混合物倒回平底深锅中，小火加热，不断搅拌至奶油酱变浓稠，继续搅拌，保持奶油酱沸腾1分钟，离火，加入挤干水分的明胶。将奶油酱倒入碗中，用保鲜膜覆盖后放凉。待冷却后，倒入君度香橙。将鲜奶油打发后与奶油酱混合。

4. 君度糖浆：将水、细砂糖煮沸，放凉后倒入君度香橙。

5. 巧克力鲜奶油：将巧克力切碎，隔水加热至融化。将鲜奶油打至全发，倒在微温的巧克力上，继续快速打发。

6. 将蛋糕刷匀君度糖浆，再刷一层覆盆子果酱和一层君度奶油酱。用烤盘纸将蛋糕卷起，边卷边慢慢将烤盘纸抽离。用刀将蛋糕卷两端修饰整齐，放入冰箱冷藏20分钟。将巧克力鲜奶油放入装有圆形裱花嘴的裱花袋中，挤在巧克力卷上即可。

覆盆子巧克力卷
Roulé au chocolat

┃ 8~10人份

难易度：★ ☆ ☆
准备时间：25分钟
制作时间：8分钟
冷藏时间：20分钟

┃ 原料：

巧克力海绵蛋糕
- 无盐黄油 20克
- 鸡蛋 4个
- 细砂糖 125克
- 过筛的面粉 90克
- 过筛的无糖可可粉 30克

馅料
- 鲜奶油 150毫升
- 糖粉 50克
- 覆盆子 200克

装饰
- 无糖可可粉（或糖粉）适量

参考第16页制作海绵蛋糕卷的正确方法。

┃ 做法：

1. 将烤箱预热至200℃，烤盘内铺长38厘米、宽30厘米的烤盘纸。

2. 巧克力海绵蛋糕：将无盐黄油在平底深锅中加热至融化。将鸡蛋、细砂糖隔水加热并持续搅拌5~8分钟，直到泛白并呈现浓稠的纹路，抬起搅拌器时滴落的混合物能够不断形成缎带状。将其从隔水加热的容器中取出，用电动搅拌器以最高速搅拌至冷却。分二三次加入过筛的面粉、可可粉，然后迅速倒入微温的黄油。将面糊倒在烤盘上，用抹刀整平，放入烤箱烤8分钟，至海绵蛋糕摸上去柔软有弹性且边缘变硬并稍脱离烤盘纸，将烤盘纸和海绵蛋糕一起放在网架上放凉。在放凉的蛋糕上铺一张新的烤盘纸后放上另一个网架，将海绵蛋糕翻扣过来，撤掉上面的网架后将蛋糕上的烤盘纸撕掉，放凉。

3. 馅料：将鲜奶油、糖粉打发至凝固且不会从搅拌器上滴落。将打发的鲜奶油铺在海绵蛋糕上，摆放覆盆子。用烤盘纸将蛋糕卷起，边卷边慢慢将烤盘纸抽离，将接缝处隐藏在蛋糕下面，用刀将两端修饰整齐，放入冰箱冷藏20分钟，取出后撒可可粉（或糖粉）即可食用。

萨赫巧克力蛋糕
Sachertorte

8~10人份

难易度：★ ☆ ☆
准备时间：35分钟
制作时间：40分钟
冷藏时间：40分钟

原料：

萨赫蛋糕坯
- 黑巧克力 180克
- 无盐黄油 30克
- 蛋清 7个
- 细砂糖 80克
- 蛋黄 3个
- 过筛的面粉 40克
- 过筛的杏仁粉 20克

樱桃酒糖浆
- 水 150毫升
- 细砂糖 100克
- 樱桃酒 1大匙

巧克力淋酱
- 黑巧克力 150克
- 鲜奶油 150毫升

装饰
- 杏酱 200克

参考第17页制作蛋糕镜面的正确方法。

做法：

1. 将烤箱预热至180℃，直径22厘米的圆模内刷匀黄油。

2. 萨赫蛋糕坯：将巧克力和黄油隔水加热至融化。将蛋清打发至略微起泡，慢慢加入1/3的细砂糖，继续将蛋白打发至顺滑光亮，小心地倒入剩余的细砂糖，打发至凝固的硬性发泡，再倒入蛋黄、过筛的面粉和杏仁粉，再加入融化的巧克力和黄油的混合物。将面糊倒入模具中，放入烤箱烤40分钟，至蛋糕坯柔软有弹性，取出后放凉、脱模。

3. 樱桃酒糖浆：将水、细砂糖在平底深锅中煮沸。放凉后加入樱桃酒。

4. 巧克力淋酱：将巧克力粗切块后放入碗中。将鲜奶油煮沸，淋在巧克力块上，搅拌至顺滑，静置到巧克力淋酱能够轻松涂抹均匀。

5. 将萨赫蛋糕坯横切成厚度相同的两块，将其中一块浸泡樱桃酒糖浆，再涂匀1厘米厚的杏酱，将另一层盖在上面，用糖浆浸泡，放入冰箱冷藏30分钟。

6. 在蛋糕上薄薄地涂匀巧克力淋酱，再放入冰箱冷藏10分钟，至巧克力淋酱凝固为止。

7. 将剩余的巧克力淋酱放入平底深锅内再次加热，将蛋糕从冰箱中取出后放在网架上，将温热的巧克力淋酱浇在蛋糕上至完全覆盖，迅速用橡皮抹刀整平。

圣艾罗巧克力蛋糕
Saint-éloi au chocolat

▌8人份

难易度：★★☆
准备时间：2小时
制作时间：25分钟
冷藏时间：25分钟

▌原料：

巧克力海绵蛋糕
- 无盐黄油 20克
- 鸡蛋 4个
- 细砂糖 125克
- 过筛的面粉 90克
- 过筛的无糖可可粉 30克

君度糖浆
- 水 150毫升
- 细砂糖 200克
- 君度香橙 50毫升

巧克力淋酱
- 巧克力 250克
- 鲜奶油 250毫升
- 君度香橙 50毫升

参考第14页制作基础巧克力淋酱的正确方法。

▌做法：

1. 将烤箱预热至180℃，直径22厘米的圆模内刷匀黄油并撒薄面。

2. 巧克力海绵蛋糕：将无盐黄油在平底深锅中加热至融化。将鸡蛋、细砂糖隔水加热5~8分钟，期间不停搅拌至混合物发白并呈现出明显的纹路，抬起搅拌器时滴落的混合物能够不断形成缎带状。将混合物从隔水加热的容器中取出，用电动搅拌器以最高速搅拌至冷却，分二三次加入过筛的面粉和可可粉，慢慢倒入融化、微温的黄油。将面糊倒入模具中，放入烤箱烤25分钟，至海绵蛋糕柔软有弹性且边缘变硬脱离模具，取出后放凉数分钟，在网架上脱模。

3. 君度糖浆：将水、细砂糖放入平底深锅煮沸，放凉后倒入君度香橙。

4. 巧克力淋酱：将巧克力粗切块后放入碗中。将鲜奶油煮沸，浇在巧克力块上，搅拌至顺滑后加入君香度橙。静置到巧克力淋酱可以轻松涂抹均匀。

5. 用锯齿刀将冷却的巧克力海绵蛋糕横切成厚度相同的3片。将第1片刷君度糖浆，然后涂2厘米厚的巧克力淋酱，盖上第2片蛋糕，重复上述步骤，最后盖上第3层海绵蛋糕并刷糖浆。将蛋糕放入冰箱冷藏15分钟，至巧克力淋酱凝固后取出。

6. 在整个蛋糕上涂抹剩余的巧克力淋酱，用抹刀轻点巧克力淋酱并向上轻轻挑出突起的小山峰状，再放入冰箱冷藏10分钟即可。

莎巴女王
Reine de Saba

6~8人份

难易度：★ ☆ ☆
准备时间：20分钟
制作时间：20分钟
冷却时间：15分钟

原料：
- 杏仁膏 100克
- 蛋黄 4个
- 糖粉 50克
- 蛋清 3个
- 细砂糖 35克
- 过筛的面粉 55克
- 过筛的无糖可可粉 15克
- 无盐黄油 25克

做法：

1. 将烤箱预热至160℃，直径20厘米的圆模内刷匀黄油并撒薄面。

2. 将杏仁膏和蛋黄放入碗中搅拌，加入糖粉继续搅拌至顺滑膨松。另碗将蛋清、细砂糖搅打成泡沫状，倒入杏膏、蛋黄、细砂糖的混合物中，小心地倒入过筛的面粉和可可粉。将黄油在平底深锅中加热至融化，再倒入面糊中。

3. 将面糊倒入圆模中，放入烤箱烤20分钟，取出放凉15分钟后，脱模即可。

> **大厨小贴士**　此款口感柔滑的岩浆蛋糕可以搭配新鲜的什锦浆果一起食用，蓝莓、黑莓、覆盆子都是不错的选择。

令人欲罢不能的塔点

Tartes en folie

制作法式塔皮面团的正确方法

Le bon geste pour faire une pâte sablée

可以根据所选不同食谱中的材料（参考第102页）调整塔皮面团的做法。

① 将150克室温回软的黄油、250克过筛的面粉、1小撮盐、95克糖粉和1包香草糖放入碗中，用指尖把黄油揉进其他材料中，成为松散的碎屑状。可以在加入面粉的同时加入过筛的可可粉或杏仁粉，以增添不同的风味。

② 打入1个鸡蛋，用木勺不断搅拌。

③ 操作台上撒薄面，将面糊和成面团后压扁，将面团用手掌根部推开，不断重复同样步骤，至面团表面光滑。请勿过分揉搓，避免面团脆弱易破。用保鲜膜包好，放入冰箱醒发30分钟后使用。

擀面团的正确方法

Le bon geste pour étaler une pâte

根据所选的塔点或迷你塔点制作法式塔皮、油酥脆饼或甜酥面团等。

① 操作台上撒薄面，用手将面团轻轻压扁。

② 用擀面杖始终从面团的中央往边缘前后擀动，每擀一次，将面团转动1/4圈，使面团始终保持圆形和均匀的厚度，尽量快速地擀面团，使之保持较低温度，若需要可在操作台上再撒薄面。

③ 若面团过于脆弱易破、用手无法揉捏，却仍未达到可放入模具的大小，可以用塔皮裹住擀面杖，稍稍卷起后向上提起，并转动1/4圈。

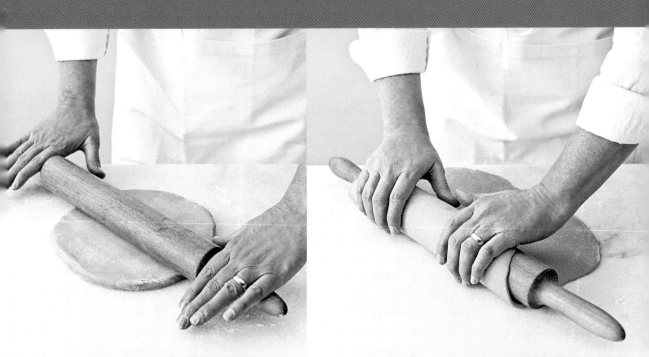

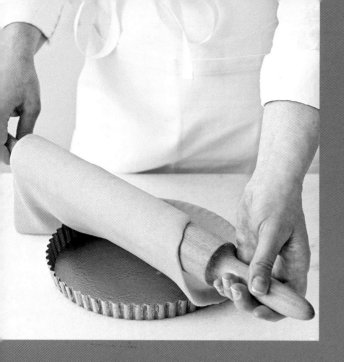

塔皮嵌入模具的正确方法

Le bon geste pour foncer un moule à tarte

根据所选择的塔点食谱制作油酥塔皮、油酥脆饼或甜酥面团等，用擀面杖将塔皮擀成约3厘米厚，至塔皮超出模具直径大小约5厘米。

① 慢慢地用擀面杖将擀好的塔皮卷起，在模具上缓慢展开，让塔皮轻轻地搭在模具边缘。

② 轻压塔皮使之贴附在模具内，包括内壁四周、底部。

③ 用擀面杖擀模具的边缘，一边擀一边向下压，用模具边缘切割塔皮的多余部分。用叉子在塔皮底部插出小孔，然后根据所选食谱进行烘烤。

迷你塔皮嵌入模具的正确方法

Le bon geste pour foncer un moule à tartelette

根据所选择的迷你塔点的食谱制作油酥塔皮、油酥脆饼或甜酥面团等，用擀面杖将塔皮擀成约3厘米厚。

① 将碗或者迷你塔模倒扣在擀好的塔皮上，切割出所需的大小和形状。

② 将塔皮一一放入模具中。

③ 轻压塔皮使之贴附在模具内，包括内壁四周、底部。用叉子在塔皮底部插出小孔，然后根据所选食谱进行烘烤。

牛奶巧克力慕斯船形小塔点
Barquettes douceur

12~14人份

难易度：★ ☆ ☆
准备时间：45分钟
冷藏时间：45分钟
制作时间：10~15分钟

原料：

甜酥面团
- 室温回软的无盐黄油 120克
- 糖粉 100克
- 盐 1小撮
- 鸡蛋 1个
- 过筛的面粉 200克

牛奶巧克力慕斯
- 牛奶巧克力 150克
- 鲜奶油 250毫升

装饰
- 无糖可可粉（或糖粉）适量

参考第188页塑造梭形的正确
方法。

做法：

1. **甜酥面团**：将室温回软的黄油、糖粉和盐混合，加入鸡蛋和过筛面粉，将面糊揉成团，用手略压扁，用保鲜膜包裹，放入冰箱冷藏30分钟。

2. 将12~14个船型模具内刷匀黄油。操作台上撒薄面，将面团擀成约3毫米厚，用刀在面皮中割出12个比模具略大的椭圆形，放入模具内小心按压，贴紧内壁，然后用叉子在底部插上小孔，放入冰箱冷藏15分钟。

3. 将烤箱预热至180℃。

4. 将船型塔皮烘烤10~15分钟，至略呈金黄色，取出后放在网架上放凉，备用。

5. **牛奶巧克力慕斯**：将巧克力粗切块后放入碗中，隔水加热至融化。将鲜奶油打发，至浓稠的膏状。倒在微温的巧克力上，先用橡皮刮刀快速搅拌，然后放慢速度轻轻搅拌均匀。

6. 用两只大汤匙制作梭形慕斯，然后放入烤好的船形塔皮中，用细筛网撒无糖可可粉或糖粉。

秘鲁廷哥玛利亚风味巧克力芝士蛋糕

Cheesecake de Peruanita et cacao amer de Tingo Maria

▌ 6人份

难易度：★★☆
沥干时间：12小时
准备时间：45分钟
制作时间：约1小时15分钟
冷藏时间：约4小时20分钟

▌ 原料：

• 白奶酪（脂质含量40%）115克

甜土豆泥

• 宾杰土豆 200克
• 牛奶 200毫升
• 细砂糖 20克
• 甜橙皮 1/2个

可可糊

• 无糖可可粉 1.5大匙
• 水 30毫升

酥脆饼干底层

• 无盐黄油 30克
• 巧克力饼干 60克
• 切碎的核桃 15克

芝士蛋糕基底

• 鲜奶油 110毫升
• 鸡蛋1个
• 蛋黄 1个
• 细砂糖 55克
• 蜂蜜 1大匙

镜面果胶

• 明胶 1/2片
• 淡味蜂蜜 35克
• 水 30毫升

▌ 做法：

1. 提前一晚将白奶酪沥干水分，置于阴凉处，备用。

2. 当天制作甜土豆泥：将土豆削皮、洗净并切成小丁。将牛奶、细砂糖和橙皮在平底深锅中煮沸，加入土豆丁，炖煮约30分钟，至材料可以轻松压成泥。将土豆泥用细筛网或捣泥器过滤，放至微温，备用。

3. 可可糊：将可可粉和水混合后，在平底深锅中加热至沸腾，离火备用。

4. 将烤箱预热至180℃，烤盘内铺烤盘纸，放入直径18厘米、高5厘米的慕斯模。

5. 酥脆饼干底层：将无盐黄油加热至融化。将巧克力饼干压成碎屑，与切碎的核桃和融化好的黄油混合。将面糊平整地铺在模具底部，从上面用力按压。

6. 芝士蛋糕基底：将沥干的白奶酪和微温的土豆泥混合，然后加入鲜奶油、鸡蛋、蛋黄、细砂糖、蜂蜜和可可糊，充分搅拌均匀。将材料倒入模具中，放入烤箱烤45分钟。取出后先不脱模，待芝士蛋糕放凉后，放入冰箱冷藏4小时。

7. 镜面果胶：将半片明胶浸泡在冷水中软化。将蜂蜜和水在平底深锅中煮沸。将明胶中的水分尽量挤干，放入蜂蜜和水的混合物中，化开后放凉。将镜面果胶涂在未脱模的芝士蛋糕上，将蛋糕再次放入冰箱冷藏15~20分钟，取出后用刀尖绕蛋糕一圈后脱模即可。

现代库斯科巧克力布丁配的的喀喀烤面屑
Flan modern au chocolat de Cuzco, crumble du Titicaca

▌6人份

难易度： ★ ☆ ☆

准备时间： 55分钟

制作时间： 约1小时10分钟

静置时间： 20分钟

冷藏时间： 2小时

▌原料：

巧克力布丁

- 库斯科巧克力碎块（或可可脂 含量为70%的黑巧克力）75克
- 水 200毫升
- 牛奶 600毫升
- 鲜奶油 150毫升
- 丁香 1颗
- 肉桂 1根
- 鸡蛋 5个
- 细砂糖 125克

的的喀喀烤面屑

- 藜麦籽 25克
- 红糖 50克
- 无盐黄油 50克
- 面粉 50克
- 肉桂粉适量

鲜奶油香缇

- 鲜奶油 150毫升
- 香草精数滴
- 糖粉 15克

▌做法：

1. 巧克力布丁：将巧克力、水在平底深锅中以微弱的小火加热至融化，煮沸后继续用极微弱的小火熬煮5分钟，加入牛奶、鲜奶油、丁香和肉桂，再次加热至沸腾。另碗将鸡蛋、细砂糖搅拌至发白，倒入巧克力的混合物中搅拌均匀，静置20分钟。

2. 将烤箱预热至80℃，将面糊用漏斗形筛网过滤，分别装入6个小的陶瓷盅内约3/4处，然后放入烤箱烤40分钟至布丁成形，取出后放凉，再放入冰箱冷藏2小时。

3. 的的喀喀烤面屑：将藜麦籽洗净后，倒入装满水的平底深锅中，煮沸，保持温度继续熬煮20分钟至藜麦籽涨开，离火，沥干水分后晾干备用。将烤箱的温度调高至180℃，在烤盘内铺烤盘纸。将所有的面屑材料放入碗中，混合成碎屑状，在烤盘内铺1厘米厚的面屑，放入烤箱烤10~15分钟，取出后放凉。

4. 鲜奶油香缇：将鲜奶油和香草精混合打发至坚挺，加入糖粉后继续打至全发。

5. 将烤好的面屑掰成小块，和鲜奶油香缇一起放在布丁中央作装饰。

松脆巧克力杏仁塔
Tarte au chocolat

▌ **10人份**

难易度：★★★
准备时间：2小时
冷藏时间：1小时
制作时间：50分钟~1小时

▌ **原料：**

甜酥面团
- 室温回软的无盐黄油 120克
- 糖粉 100克
- 盐 1小撮
- 鸡蛋 1个
- 过筛的面粉 200克

杏仁奶油酱
- 室温回软的无盐黄油 100克
- 细砂糖 100克
- 香草粉 1小撮
- 鸡蛋 2个
- 杏仁粉 100克

巧克力淋酱
- 黑巧克力 125克
- 鲜奶油 125毫升
- 细砂糖 25克
- 室温回软的无盐黄油 25克

可可糖浆
- 水 50毫升
- 细砂糖 40克
- 无糖可可粉 15克

酥脆巧克力
- 牛奶巧克力 25克
- 室温回软的无盐黄油 30克
- 杏仁糖膏 125克（参考第 278页）
- 法式薄脆片 60克
- 法式薄脆碎片 20克

▌ **做法：**

1. 甜酥面团：将室温回软的无盐黄油、糖粉和盐混合搅拌，加入鸡蛋后放入过筛的面粉，将材料揉成面团，轻轻压扁，用保鲜膜裹好，放入冰箱冷藏30分钟。

2. 将烤箱预热至180℃，在直径24厘米的圆形塔模内刷匀黄油。操作台上撒薄面，将面团擀成直径约30厘米、厚3毫米的圆形塔皮，将塔皮嵌入模具中，放入冰箱冷藏10分钟。

3. 在塔皮上盖一张大于模具的烤盘纸，在上面压上一层烘焙豆，放入烤箱烤约10分钟至塔皮略呈金黄色。取出后移除烤盘纸和烘焙豆。将烤箱温度调低至160℃，再次将塔皮放入烤箱烤8分钟，取出后在网架上放凉。

4. 杏仁奶油酱：将室温回软的无盐黄油和细砂糖混合，加入香草粉，再一个个磕入鸡蛋，搅拌均匀后倒入杏仁粉。将杏仁奶油酱倒入略烤过的甜酥塔皮中，放入烤箱烤30~40分钟。

5. 巧克力淋酱：将巧克力粗切块后放入碗中。将鲜奶油、细砂糖煮沸后浇在巧克力块上搅拌均匀，再加入室温回软的无盐黄油。静置，待巧克力淋酱可以轻松抹开。

6. 可可糖浆：将水、细砂糖在平底深锅中煮沸，加入可可粉，用搅拌器搅拌均匀，再次煮沸后离火，放凉备用。

7. 酥脆巧克力：将牛奶巧克力切细碎，隔水加热至融化，放入室温回软的无盐黄油、杏仁糖膏和法式薄脆片轻轻搅拌。在烤盘纸上画出直径20厘米的圆圈，将混合物铺在圆圈中，放入冰箱冷藏20分钟。

8. 将塔点脱模，在杏仁奶油酱上刷匀可可糖浆，再用抹刀薄薄涂一层巧克力淋酱，放上酥脆巧克力，再涂上剩余的巧克力淋酱，最后在塔点表面撒法式薄脆碎片即可。

苦味巧克力塔
Tarte au chocolat amer

6人份

难易度：★ ☆ ☆
准备时间：35分钟
冷藏时间：40分钟
制作时间：约50分钟

原料：

甜味油酥面团
- 过筛的面粉 200克
- 细砂糖 30克
- 盐1小撮
- 切块的无盐黄油 100克
- 打散的鸡蛋 1个
- 水 1大匙

苦味巧克力奶油酱
- 黑巧克力（可可脂含量 55%~70%）150克
- 无盐黄油 150克
- 鸡蛋 3个
- 细砂糖 200克
- 面粉 60克
- 鲜奶油 50毫升

英式奶油酱（根据个人喜好）
- 蛋黄 6个
- 细砂糖 180克
- 牛奶 500毫升
- 香草荚 1根

装饰
- 糖粉

参考第186页制作英式奶油酱的正确方法。

做法：

1. 甜味油酥面团：将过筛的面粉、细砂糖和盐倒入大碗中，加入切块的无盐黄油，混合至碎屑状。在中心做出一个凹槽，倒入打散的鸡蛋、水略搅拌。将面糊揉成团，用掌心略压扁，用保鲜膜包裹，放入冰箱冷藏30分钟。

2. 将烤箱预热至180℃，将直径26厘米的圆形塔模内刷匀黄油。操作台上撒薄面，将面团擀成直径30厘米、厚3毫米的圆形塔皮，将塔皮嵌入模具，放入冰箱冷藏10分钟。

3. 在塔皮上盖一张大于模具的烤盘纸，在上面压上一层烘焙豆，放入烤箱烤约10分钟至塔皮略呈金黄色。取出后移除烤盘纸和烘焙豆。将烤箱温度调低至160℃，再次将塔皮放入烤箱烤8分钟，取出后在网架上放凉。

4. 将烤箱的温度调低至120℃。

5. 苦味巧克力奶油酱：将黑巧克力粗切块，和无盐黄油一起隔水加热至融化，离火后迅速放入鸡蛋搅拌，再放入细砂糖、面粉和鲜奶油。将巧克力奶油酱倒入略烤过的甜酥塔皮中，放入烤箱烤30分钟至凝固。

6. 英式奶油酱：将蛋黄、细砂糖放入碗中，搅拌至发白浓稠。香草荚剖成两半并用刀尖刮掉籽；将牛奶、香草荚放入平底深锅中煮沸。将1/3的香草牛奶倒入蛋黄、细砂糖的混合物中快速搅拌，再倒回装有剩余牛奶的平底深锅中小火熬煮，并用木勺不断搅拌至奶油酱变稠并附着于勺背（注意请勿将奶油酱煮沸）。

7. 在塔点表面撒糖粉，待微温时即可食用。根据个人喜好，可以搭配英式奶油酱一同品尝。

青柠风味巧克力塔

Tarte au chocolat et aux arômes de citron vert

▌8~10人份

难易度： ★★☆
准备时间： 1小时45分钟
制作时间： 1小时20~25分钟
冷藏时间： 1小时10分钟

▌原料：

糖渍青柠
- 青柠 2个
- 细砂糖 100克
- 水 100毫升

甜酥面糊
- 室温回软的无盐黄油 120克
- 糖粉 100克
- 盐 1小撮
- 鸡蛋 1个
- 过筛的面粉 200克

青柠巧克力淋酱
- 青柠皮 2个
- 黑巧克力 300克
- 鲜奶油 250毫升
- 无盐黄油 125克

装饰
- 无糖可可粉

参考第82页塔皮嵌入模具的正确方法。

▌做法：

1. 前一晚制作糖渍青柠：将烤箱预热至80~100℃，烤盘铺一张烤盘纸。将青柠切极薄的薄片。将细砂糖和水在平底深锅中煮沸，离火后放入青柠片腌渍1小时。将青柠片捞出后沥干，在烤盘中摆好后放入烤箱烘干1小时，备用。

2. 当天制作甜酥面团：将室温回软的无盐黄油、糖粉和盐混合搅拌，加入鸡蛋后放入过筛的面粉，将材料揉成面团，轻轻压扁，用保鲜膜裹好，放入冰箱冷藏30分钟。

3. 将烤箱预热至180℃，直径22厘米的圆形塔模内刷匀黄油。操作台上撒薄面，将甜酥面团擀成直径27厘米、厚3毫米的圆形塔皮，再嵌入模具中，放入冰箱冷藏10分钟。

4. 在塔皮上盖一张大于模具的烤盘纸，在上面压上一层烘焙豆，放入烤箱烤约10分钟至塔皮略呈金黄色。取出后移除烤盘纸和烘焙豆。将烤箱温度调低至160℃，将塔皮再次放入烤箱烤15分钟至塔皮呈金黄色，取出后在网架上放凉备用。

5. 青柠巧克力淋酱：将青柠皮切细条，将巧克力粗切块后放入碗中。将鲜奶油、青柠皮在平底深锅中煮沸，浇在巧克力块上，搅拌至顺滑后放入黄油。将巧克力淋酱倒入烤好的甜酥塔皮中，放入冰箱冷藏30分钟。取出后撒可可粉，用糖渍青柠片装饰即可。

> **大厨小贴士** 若还有剩余的青柠巧克力淋酱，可以填入装有星形裱花嘴的裱花袋中，在巧克力塔上挤出玫瑰花饰后放入冰箱冷藏。

无花果巧克力塔
Tarte au chocolat et aux figues

▍10人份

难易度： ★ ★ ☆
准备时间： 45分钟
制作时间： 约1小时10分钟
冷藏时间： 1小时10分钟

▍原料：

巧克力法式塔皮面团
- 室温回软的无盐黄油 150克
- 过筛的面粉 250克
- 过筛的无糖可可粉 15克
- 盐 1小撮
- 糖粉 95克
- 鸡蛋 1个

酒糖煨无花果
- 干无花果 400克
- 细砂糖 85克
- 红酒 200毫升
- 覆盆子酱 125克

巧克力淋酱
- 黑巧克力 300克
- 鲜奶油 375毫升
- 室温回软的无盐黄油 100克

参考第14页制作基础巧克力淋酱的正确方法。

▍做法：

1. **巧克力法式塔皮面团：** 将室温回软的无盐黄油、过筛的面粉和可可粉、盐和糖粉用指尖轻轻搅拌至混合物呈碎屑状。加入鸡蛋，搅拌揉成面团。轻轻将面团压扁，用保鲜膜包裹，放入冰箱冷藏30分钟。

2. 将烤箱预热至180℃，直径24厘米的圆形塔模内刷匀黄油。操作台上撒薄面，将面团擀成直径约为30厘米、厚3毫米的圆形面皮，再嵌入模具中，放入冰箱冷藏10分钟。

3. 塔皮上盖一张大于模具的烤盘纸，上面压一层烘焙豆，放入烤箱烤约10分钟至塔皮略呈金黄色。取出后移除烤盘纸和烘焙豆。将烤箱温度调低至160℃，再将塔皮放入烤箱烤10~15分钟，取出后在网架上放凉备用。

4. **酒糖煨无花果：** 将无花果放入沸水中，软化后捞出并沥干水分。将变软的无花果、细砂糖、红酒和覆盆子酱放入平底深锅中以小火慢慢煨煮40分钟至无花果入味，离火放凉。将做好的酒糖煨无花果倒入烤好的塔皮约2/3处，用抹刀将表面整平。

5. **巧克力淋酱：** 将巧克力粗切块后放入碗中。将鲜奶油煮沸后浇在巧克力块上，慢慢搅拌至顺滑，再加入室温回软的无盐黄油。将巧克力淋酱倒在酒糖煨无花果上，将塔点放入冰箱冷藏30分钟。

大厨小贴士 如果喜欢口感更加顺滑的馅料，可以将煨好的酒糖无花果用电动搅拌器搅碎。

特级产区巧克力塔

Tarte au chocolat grand cru

10人份

难易度：★★☆

准备时间：45分钟

冷藏时间：40分钟

制作时间：20~25分钟

原料：

甜酥面团

- 室温回软的无盐黄油 120克
- 糖粉 100克
- 盐 1小撮
- 鸡蛋 1个
- 过筛的面粉 200克

特级产区巧克力英式奶油酱

- 蛋黄 2个
- 细砂糖 40克
- 牛奶 130毫升
- 鲜奶油 120毫升
- 切碎的特级产区巧克力（可可脂含量66%）190克

参考第82页将塔皮嵌入模具的正确方法。

做法：

1. 甜酥面团：将室温回软的无盐黄油、糖粉和盐混合搅拌，加入鸡蛋后放入过筛的面粉，将材料揉成面团，轻轻压扁后用保鲜膜裹好，放入冰箱冷藏30分钟。

2. 将烤箱预热至180℃，直径24厘米的圆形塔模内刷匀黄油。操作台上撒薄面，将面团擀成直径约30厘米、厚3毫米的圆形面皮，再嵌入模具中，放入冰箱冷藏10分钟。

3. 塔皮上盖一张大于模具的烤盘纸，在上面压一层烘焙豆，放入烤箱烤约10分钟至略呈金黄色。取出后移除烤盘纸和烘焙豆。将烤箱温度调低至160℃，再将塔皮放入烤箱烤10~15分钟至塔皮呈金黄色，取出后在网架上放凉备用。

4. 特级产区巧克力英式奶油酱：将蛋黄、细砂糖在碗中充分搅拌至发白浓稠。将牛奶和鲜奶油在平底深锅中煮沸，将其中1/3迅速地倒在蛋黄、细砂糖的混合物上，快速搅拌。将混合物倒回锅中与剩余的热牛奶混合，小火加热，不断用木勺搅拌至浓稠并附着在勺背上（注意请勿将奶油酱煮沸）。离火，将奶油酱倒在切碎的巧克力上，慢慢搅拌至巧克力完全融化，再将巧克力奶油酱倒入烤好的甜酥塔皮中，放入冰箱冷藏，食用前取出即可。

> **大厨小贴士**
>
> "特级产区"在这里表示特定产区的巧克力品种，比如古巴、圣多美或委内瑞拉等地区，如果没有，也可以使用可可脂含量大于66%的黑巧克力代替。如果喜欢水果风味，可以在倒入巧克力英式奶油酱之前，在塔底撒上新鲜的覆盆子。

椰子巧克力塔

Tarte au chocolat et à la noix de coco

▌8～10人份

难易度：★★☆
准备时间：1小时
制作时间：约40分钟
冷藏时间：40分钟

▌原料：

椰子味甜酥面团

• 室温回软的无盐黄油 165克
• 糖粉 75克
• 杏仁粉 30克
• 椰子粉 30克
• 盐 1小撮
• 鸡蛋 1个
• 过筛的面粉 175克

椰子馅料

• 蛋清 3个
• 椰子粉 190克
• 细砂糖 170克
• 糖煮苹果 40克

巧克力烤面屑

• 无盐黄油 50克
• 面粉 35克
• 无糖可可粉 15克
• 红糖 50克
• 椰子粉 50克
• 泡打粉 1/2小匙

参考第82页塔皮嵌入模具的正确方法。

▌做法：

1. 椰子味甜酥面团：将室温回软的无盐黄油、糖粉、杏仁粉、椰子粉和盐混合搅拌，加入鸡蛋后放入过筛的面粉，将材料揉成面团后轻轻压扁，用保鲜膜裹好，放入冰箱冷藏30分钟。

2. 将烤箱预热至180℃，直径22厘米的慕斯模内刷匀黄油。操作台上撒薄面，将椰子味甜酥面团擀成直径27厘米、厚3毫米的圆形面皮，再嵌入模具中，放入冰箱冷藏10分钟。

3. 塔皮上盖一张大于模具的烤盘纸，在上面压一层烘焙豆，放入烤箱烤约10分钟至塔皮略呈金黄色。取出后移除烤盘纸和烘焙豆。将烤箱温度调低至160℃，再将塔皮放入烤箱烤8分钟至塔皮呈金黄色，取出后在网架上放凉备用。

4. 椰子馅料：将蛋清打发，用橡皮刮刀将打好的蛋白与椰子粉、细砂糖和糖煮苹果混合，然后倒入烤好的甜酥塔皮中，备用。

5. 巧克力烤面屑：将制作烤面屑的所有材料倒入碗中，用指尖混合至碎屑状，将其倒在椰子馅料上。

6. 将椰子巧克力塔放入烤箱烤20分钟至金黄色，取出后放凉，切8～10份，放至微温或冷却时即可食用。

香菜甜橙巧克力塔

Tarte au chocolat et à l'orange parfumée à la coriandre

▌ 10人份

难易度: ★ ★ ☆
准备时间: 约1小时45分钟
冷藏时间: 40分钟
制作时间: 20~25分钟

▌ 原料:

香菜甜橙
- 水 150毫升
- 细砂糖 150克
- 香菜籽 25克
- 切成圆形的甜橙薄片 1个

法式塔皮面团
- 室温回软的无盐黄油 150克
- 过筛的面粉 250克
- 盐 1小撮
- 糖粉 95克
- 香草糖 1小包
- 鸡蛋 1个

巧克力英式香草奶油酱
- 蛋黄 3个
- 细砂糖 50克
- 牛奶 250毫升
- 香草荚 1根
- 黑巧克力碎块 275克

参考第80页制作法式塔皮面团的正确方法。

▌ 做法:

1. 香菜甜橙:将水、细砂糖放入平底深锅中煮沸,离火后将香菜籽放入,浸泡5~10分钟,然后用漏斗形筛网过滤,再用过滤后的糖浆浸泡甜橙薄片1小时。

2. 法式塔皮面团:将室温回软的无盐黄油、过筛的面粉、盐、糖粉和1小包香草糖用指尖混合搅拌至碎屑状,再加入鸡蛋,将面糊揉捏成团,轻轻压扁,用保鲜膜裹好,放入冰箱冷藏30分钟。

3. 将烤箱预热至180℃,直径24厘米的圆形塔模内刷匀黄油。操作台上撒薄面,将法式塔皮面团擀成直径约30厘米、厚3毫米的圆形面皮,再嵌入模具中,放入冰箱冷藏10分钟。

4. 塔皮上盖一张大于模具的烤盘纸,上面压一层烘焙豆,放入烤箱烤约10分钟至塔皮略呈金黄色。取出后移除烤盘纸和烘焙豆。将烤箱温度调低至160℃,再将塔皮放入烤箱烤10~15分钟,至塔皮呈金黄色,取出后在网架上放凉备用。

5. 巧克力英式香草奶油酱:将蛋黄、细砂糖放入碗中,搅拌至发白浓稠。香草荚用刀剖成两半并用刀尖刮掉籽,平底深锅中倒入牛奶、香草荚慢慢加热至沸腾。将1/3的香草牛奶倒入蛋黄和细砂糖的混合物中,快速搅拌均匀,再倒回装有剩余牛奶的平底深锅中,用小火加热,同时不断用木勺搅拌至奶油酱浓稠并附着于勺背(注意请勿将奶油酱煮沸)。离火,将香草奶油酱浇在黑巧克力碎块上,慢慢搅拌至巧克力完全融化。将做好的巧克力英式香奶油酱倒入烤好的法式塔皮中,放入冰箱冷藏。食用前,将甜橙薄片在吸水纸上充分沥干后,摆在塔点上即可。

焦糖香梨巧克力塔
Tarte chocolat-poire-caramel

▌ 8~10人份

难易度：★★☆
准备时间：1小时
冷藏时间：40分钟
制作时间：40分钟

▌ 原料：

巧克力甜酥面团
- 室温回软的无盐黄油 175克
- 糖粉 125克
- 鸡蛋 1个
- 过筛的面粉 250克
- 过筛的无糖可可粉 20克

巧克力馅料
- 黑巧克力 100克
- 鲜奶油 200毫升
- 淡味蜂蜜 50克
- 蛋黄 5个

焦糖香梨
- 对半切开的糖渍香梨 850克
- 淡味蜂蜜 50克
- 无盐黄油 20克

参考第82页塔皮嵌入模具的正确方法。

▌ 做法：

1. **巧克力甜酥面团**：将室温回软的无盐黄油和糖粉混合搅拌，加入鸡蛋后放入过筛的面粉和可可粉，将材料揉成面团，轻轻压扁，用保鲜膜裹好，放入冰箱冷藏30分钟。

2. 将烤箱预热至180℃，直径22厘米的圆形塔模内刷匀黄油。操作台上撒薄面，将面团擀成直径27厘米、厚3毫米的圆形面皮，然后嵌入模具中，放入冰箱冷藏10分钟。

3. 塔皮上盖一张大于模具的烤盘纸，在上面压一层烘焙豆，放入烤箱烤约10分钟至略呈金黄色。取出后移除烤盘纸和烘焙豆。将烤箱温度调低至160℃，再将塔皮放入烤箱烤8分钟至塔皮呈金黄色，取出后在网架上放凉备用。

4. 将烤箱的温度调低至140℃。

5. **巧克力馅料**：将黑巧克力切碎后放入碗中。将鲜奶油和蜂蜜放入平底深锅中煮沸。蛋黄打散后迅速倒入刚煮沸的鲜奶油蜂蜜中，再将混合物浇在切碎的巧克力块上，搅拌至巧克力完全融化，备用。

6. **焦糖香梨**：将对半切开的糖渍香梨沥干，将蜂蜜和无盐黄油放入长柄平底不粘锅中，然后放入香梨，大火加热至梨身裹上一层焦糖。将香梨的切面朝下放在案板上，微温后切成半月形。

7. 将巧克力馅料倒入烤好的甜酥塔皮中，将切好的半月形香梨片用抹刀放在巧克力馅料上，放入烤箱烤20分钟后即可食用。

焦糖杏仁榛子巧克力塔
Tarte au chocolat praliné

■ 10~12人份

难易度：★★☆
准备时间：1小时
冷藏时间：1小时
制作时间：20~25分钟

■ 原料：

杏仁法式塔皮面团
- 室温回软的无盐黄油 100克
- 杏仁粉 20克
- 过筛的面粉 175克
- 盐 1小撮
- 糖粉 65克
- 香草糖 1/4包
- 鸡蛋 1个

杏仁巧克力奶油酱
- 黑巧克力 400克
- 鲜奶油 400毫升
- 杏仁糖 60克
- 香草精 1~2滴
- 无盐黄油 90克

焦糖杏仁榛子
- 水 50毫升
- 细砂糖 100克
- 整颗去皮杏仁 50克
- 整颗去皮榛子 50克
- 无盐黄油 10克

■ 做法：

1. 杏仁法式塔皮面团：将室温回软的无盐黄油、杏仁粉、过筛的面粉、盐、糖粉和香草糖用指尖混合搅拌至碎屑状，再加入鸡蛋，将面糊揉捏成团，轻轻压扁，用保鲜膜裹好，放入冰箱冷藏30分钟。

2. 将烤箱预热至180℃，长25厘米、宽10厘米的长形模具内刷匀黄油。操作台上撒薄面，将杏仁法式塔皮面团擀成3毫米厚，并裁切出长30厘米、宽15厘米的长方形，再嵌入模具中，放入冰箱冷藏10分钟。

3. 塔皮上盖一张大于模具的烤盘纸，在上面压一层烘焙豆，放入烤箱烤约10分钟至塔皮略呈金黄色。取出后移除烤盘纸和烘焙豆。将烤箱温度调低至160℃，再将塔皮放入烤箱烤10~15分钟，至塔皮呈金黄色，取出后在网架上放凉备用。

4. 杏仁巧克力奶油酱：将巧克力粗切块后放入碗中。将鲜奶油煮沸，浇在巧克力块上，慢慢搅拌至巧克力完全融化。倒入杏仁糖、香草精和无盐黄油。将杏仁巧克力奶油酱倒入烤好的杏仁法式塔皮中，放入冰箱冷藏20分钟。

5. 焦糖杏仁榛子：将水、细砂糖放入平底深锅中煮沸后，继续熬煮约5分钟，至烹饪温度计达到117℃。离火后，放入杏仁、榛子，用木勺不断搅拌至糖浆凝结，并且坚果表面覆盖上一层白色糖霜。将凝结的糖浆和坚果用小火加热至焦糖色，此时放入无盐黄油。离火后立即将焦糖杏仁榛子铺在烤盘纸上，用抹刀轻轻搅拌使其冷却。冷却后，两手手心相合摩擦将杏仁和榛子分离，然后摆放在巧克力塔上即可。

大厨小贴士 可以使用直径26厘米的圆形模具，将未裁切的面皮嵌入模具即可。

焦糖坚果奶油巧克力塔

Tarte à la crème chocolat, aux fruits secs caramélisés

▌8~10人份

难易度：★★☆
准备时间：1小时
冷藏时间：40分钟
制作时间：1小时10分钟

▌原料：

杏仁甜酥面团
- 室温回软的无盐黄油 120克
- 糖粉 75克
- 盐 1小撮
- 杏仁粉 25克
- 鸡蛋 1个
- 过筛的面粉 200克

巧克力奶油酱
- 牛奶 200毫升
- 无糖可可粉 30克
- 巧克力 20克
- 法式发酵酸奶油 200毫升
- 蛋黄 4个
- 细砂糖 120克

巧克力镜面
- 法式发酵酸奶油 60毫升
- 细砂糖 10克
- 淡味蜂蜜 10克
- 巧克力碎末 60克
- 无盐黄油 10克

焦糖坚果
- 水 10毫升
- 细砂糖 35克
- 去皮杏仁 35克
- 去皮榛子 35克
- 无盐黄油 5克

▌做法：

1. 杏仁甜酥面团：将室温回软的无盐黄油、糖粉、盐和杏仁粉混合搅拌，加入鸡蛋后放入过筛的面粉，将材料揉成面团，轻轻压扁，用保鲜膜裹好，放入冰箱冷藏30分钟。

2. 将烤箱预热至180℃，直径22厘米的圆形塔模内刷匀黄油。操作台上撒薄面，将面团擀成直径27厘米、厚3毫米的圆形面皮，再嵌入模具中，放入冰箱冷藏10分钟。

3. 塔皮上盖一张大于模具的烤盘纸，在上面压一层烘焙豆，放入烤箱烤约10分钟至塔皮略呈金黄色。取出后移除烤盘纸和烘焙豆。将烤箱温度调低至160℃，再将塔皮放入烤箱烤8分钟，至塔皮呈金黄色，取出后在网架上放凉备用。

4. 巧克力奶油酱：将牛奶、可可粉和巧克力放入平底深锅中加热煮沸，倒入法式发酵酸奶油，离火。将蛋黄和细砂糖放入碗中，搅拌至发白浓稠后倒入之前煮沸的混合物中，再将巧克力奶油酱倒入烤好的杏仁甜酥塔皮中，放入烤箱烤45分钟，取出后放凉备用。

5. 巧克力镜面：将法式发酵酸奶油、细砂糖和蜂蜜倒入平底深锅中加热，再倒在巧克力碎末上，搅拌至巧克力完全融化，放入无盐黄油。

6. 焦糖坚果：将水、细砂糖倒入平底深锅中煮沸，然后继续熬煮约5分钟，至烹饪温度计达到117℃。离火后放入杏仁和榛子，慢慢搅拌至糖浆凝结，且坚果表面覆盖上一层白色糖霜。再以小火在平底深锅中加热至焦糖化，加入黄油，离火后立即将焦糖坚果铺在烤盘纸上。

7. 将巧克力镜面淋在巧克力塔上，放上做好的焦糖坚果即可食用。

可可碎巧克力淋酱焦糖苹果塔
Tarte aux pommes sur ganache au grué de cacao

▍8人份

难易度：★ ★ ☆
准备时间：1小时
冷藏时间：1小时40分钟
制作时间：约40分钟

▍原料：

巧克力油酥饼
- 过筛的面粉 125克
- 过筛的无糖可可粉 10克
- 细砂糖 50克
- 盐 1小撮
- 切块的无盐黄油 75克
- 蛋黄 1个
- 水 45毫升
- 巧克力米 15克

可可碎巧克力淋酱
- 可可碎巧克力 100克
- 鲜奶油 100毫升
- 肉豆蔻粉 2小撮
- 香草精 1小匙

焦糖苹果
- 青苹果 2个
- 无盐黄油 30克
- 细砂糖 30克

装饰（根据个人喜好）
- 可可碎（或巧克力米）适量

▍做法：

1. 巧克力油酥饼：将过筛的面粉、可可粉、细砂糖和盐混合，加入切块的黄油搅拌成碎屑。在材料的中心做出一个凹槽，加入蛋黄和水后略搅拌，再放入巧克力米。将面糊揉成团状，轻轻压扁，用保鲜膜裹好，放入冰箱冷藏30分钟。

2. 将烤箱预热至180℃，直径20厘米的圆形塔模内刷匀黄油。操作台上撒薄面，将面团擀成直径25厘米、厚3毫米的圆形面皮，然后嵌入模具中，放入冰箱冷藏10分钟。

3. 面皮上盖一张大于模具的烤盘纸，在上面压上一层烘焙豆，放入烤箱烤约10分钟至面皮略呈金黄色。取出后移除烤盘纸和烘焙豆。将烤箱温度调低至160℃，再将面皮放入烤箱烤10~15分钟，取出后在网架上放凉备用。

4. 可可碎巧克力淋酱：将巧克力切碎后放入碗中。将鲜奶油和肉豆蔻粉倒入平底深锅中煮沸后浇在巧克力上，放入香草精搅拌均匀。将巧克力淋酱倒入烤好的巧克力油酥饼中，放入冰箱冷藏约1小时。

5. 焦糖苹果：将2个苹果去皮后每个切成4块。将无盐黄油和细砂糖放入长柄平底不粘锅中加热，再放入苹果块，用小火煎煮约10分钟，当苹果变软后改大火，让苹果裹匀焦糖，离火后放至微温。

6. 用抹刀将焦糖苹果块摆放到巧克力塔上，放入冰箱冷藏，食用时提前约30分钟取出，可根据个人喜好撒可可碎或巧克力米作装饰。

聪明豆巧克力塔
Tarte aux dragées chocolatées

■ 8人份

难易度： ★ ☆ ☆
准备时间： 40分钟
冷藏时间： 1小时10分钟
制作时间： 20~25分钟

■ 原料：

甜酥面团
• 室温回软的无盐黄油 120克
• 糖粉 100克
• 盐 1小撮
• 鸡蛋 1个
• 过筛的面粉 200克

巧克力淋酱
• 黑巧克力（可可脂含量
  55%~70%）100克
• 鲜奶油 100毫升
• 聪明豆巧克力糖 56克

参考第14页制作基础巧克力淋
酱的正确方法。

■ 做法：

1. 甜酥面团：将室温回软的无盐黄油、糖粉和盐混合搅拌，加入鸡蛋后，放入过筛的面粉，将材料揉成面团，轻轻压扁，用保鲜膜裹好，放入冰箱冷藏30分钟。

2. 将烤箱预热至180℃，直径20厘米的圆形塔模内刷匀黄油。操作台上撒薄面，将面团擀成直径25厘米、厚3毫米的圆形面皮，然后嵌入模具中，放入冰箱冷藏10分钟。

3. 塔皮上盖一张大于模具的烤盘纸，在上面压一层烘焙豆，放入烤箱烤约10分钟至塔皮略呈金黄色。取出后移除烤盘纸和烘焙豆。将烤箱温度调低至160℃，再将塔皮放入烤箱烤10~15分钟，取出后在网架上放凉备用。

4. 巧克力淋酱：将巧克力粗切块后放入碗中。将鲜奶油煮沸后浇在巧克力上，不断搅拌至顺滑，静置至巧克力淋酱可轻松涂开。将巧克力淋酱均匀地倒入烤好的甜酥塔皮中，摆放聪明豆巧克力糖，放在阴凉处30分钟后即可食用。

焦糖核桃仁巧克力迷你塔
Tartelettes chocolat-noix

▌8人份

难易度：★★☆
准备时间：1小时15分钟
制作时间：25~30分钟
冷藏时间：1小时40分钟

▌原料：

巧克力甜酥面团
- 室温回软的无盐黄油 175克
- 糖粉 125克
- 盐 1小撮
- 鸡蛋 1个
- 过筛的面粉 250克
- 过筛的无糖可可粉 20克

焦糖核桃
- 核桃仁 200克
- 细砂糖 200克
- 淡味蜂蜜 50克
- 无盐黄油 30克
- 鲜奶油 170毫升

参考第83页迷你塔皮嵌入模具的正确方法。

▌做法：

1. 巧克力甜酥面团：将室温回软的无盐黄油、糖粉和盐混合搅拌，加入鸡蛋后放入过筛的面粉和可可粉，将材料揉成面团，轻轻压扁，用保鲜膜裹好，放入冰箱冷藏30分钟。

2. 将烤箱预热至180℃，将8个直径8厘米的迷你塔模内刷匀黄油。操作台上撒薄面，将面团擀成约3毫米厚，用直径10厘米的慕斯模裁压出8个圆形面皮，然后嵌入模具中，并用叉子在底部插出小孔，放入冰箱冷藏10分钟。

3. 将迷你巧克力甜酥塔皮放入烤箱中烤约20分钟，取出后在网架上放凉备用。

4. 焦糖核桃：将烤箱的温度保持在180℃。将核桃仁大致切碎，放入烤盘，在烤箱中烤5~10分钟。将细砂糖和蜂蜜倒入平底深锅中，小火加热，不断搅拌至细砂糖完全融化，改大火继续熬煮约10分钟待糖浆变成金黄色的焦糖（至烹饪温度计达到170℃）。离火后，加入无盐黄油，再次慢慢将焦糖加热，随后淋上鲜奶油降温以阻止进一步焦糖化。用漏斗形筛网将焦糖过滤，倒入烤过的核桃仁，放至微温备用。

5. 用一只大汤匙将焦糖核桃仁摆在迷你巧克力塔上，然后放入冰箱冷藏，1小时后即可食用。

 大厨小贴士 如果想获得更加丰富的坚果口味，可以在切碎的核桃仁中混入新鲜的开心果。

杏仁牛轧糖巧克力迷你塔

Tartelettes au chocolat nougatine

12~14人份

难易度：★★☆
准备时间：1小时30分钟
冷藏时间：1小时
制作时间：20分钟

原料：

杏仁甜酥面团
- 室温回软的奶油 120克
- 糖粉 75克
- 盐 1小撮
- 杏仁粉 25克
- 鸡蛋 1个
- 过筛的面粉 200克

杏仁牛轧糖
- 杏仁片 40克
- 细砂糖 75克
- 淡味蜂蜜 30克

巧克力英式奶油酱
- 鲜奶油 300毫升
- 鸡蛋 3个
- 细砂糖 60克
- 黑巧克力碎（可可脂含量
  70%）120克

参考第83页迷你塔皮嵌入模具
的正确方法。

做法：

1. 杏仁甜酥面团：将室温回软的无盐黄油、糖粉、盐和杏仁粉混合搅拌，加入鸡蛋后放入过筛的面粉，将材料揉成面团，轻轻压扁，用保鲜膜裹好，放入冰箱冷藏30分钟。

2. 将烤箱预热至180℃，将12~14个直径8厘米的迷你塔模内刷匀黄油。操作台上撒薄面，将面团擀成约3毫米厚，用直径10厘米的慕斯模裁压出12~14个圆形面皮，嵌入模具中，并用叉子在底部插出小孔，放入冰箱冷藏10分钟。

3. 将迷你塔皮放入烤箱烤约20分钟至金黄色后取出，在网架上放凉备用。将烤箱的温度调低至150℃。

4. 杏仁牛轧糖：将杏仁片撒在铺有烤盘纸的烤盘中，放入烤箱烤5分钟，待杏仁片略上色后取出。将细砂糖和蜂蜜在平底深锅中加热，至细砂糖完全融化，改大火继续熬煮约10分钟至金黄色的焦糖（烹饪温度计达到170℃）。加入烤过的杏仁片，小心地搅拌均匀。将材料倒入铺有烤盘纸的烤盘上，再盖上一张烤盘纸，用擀面杖将混合物擀成2毫米厚，待放凉后倒入食物加工机搅碎。

5. 巧克力英式奶油酱：将鲜奶油煮沸。将鸡蛋、细砂糖在碗中用搅拌器搅打至发白浓稠，倒入一部分热的鲜奶油，同时迅速搅拌，然后再将所有的材料与平底深锅中剩余的鲜奶油混合，不断用木勺搅拌至奶油酱浓稠并附着于勺背，离火后将奶油酱浇在巧克力碎上，搅拌均匀。

6. 将搅碎的杏仁牛轧糖铺在烤好的迷你塔皮中约3/4处，淋巧克力奶油酱，放入冰箱冷藏30分钟，待奶油酱凝固后，撒剩余的杏仁牛轧糖即可。

栗子巧克力迷你塔
Tartelettes aux marrons

█ 8人份

难易度：★ ★ ☆
准备时间：5分钟～1小时
冷藏时间：40分钟
制作时间：20分钟

█ 原料：

• 浸泡香草糖浆的栗子（或糖栗子）16颗

巧克力法式塔皮面团

• 室温回软的无盐黄油 80克
• 过筛的面粉 115克
• 过筛的无糖可可粉 10克
• 盐 1小撮
• 糖粉 80克
• 鸡蛋 1个

栗子巧克力淋酱

• 黑巧克力 130克
• 鲜奶油 50毫升
• 栗子酱 100克

装饰（根据个人喜好）

• 黑巧克力 100克
• 细砂糖 50克

参考第83页迷你塔皮嵌入模具的正确方法。

█ 做法：

1. 制作前一晚，将浸泡香草糖浆的栗子沥水，切成小块。

2. 当天制作巧克力法式塔皮面团：将室温回软的无盐黄油、过筛的面粉和可可粉、盐和糖粉用指尖混合搅拌至碎屑状，加入鸡蛋，将面糊揉成面团，轻轻压扁，用保鲜膜裹好，放入冰箱冷藏30分钟。

3. 将烤箱预热至180℃，8个直径8厘米的迷你塔模内刷匀黄油。操作台上撒薄面，将巧克力法式塔皮面团擀成3毫米厚，并用直径10厘米的慕斯模裁压出8个圆形面皮，嵌入模具中，并用叉子在底部插出小孔，放入冰箱冷藏10分钟。

4. 将迷你塔放入烤箱烤约20分钟，取出后在网架上放凉备用。

5. 栗子巧克力淋酱：将巧克力粗切块后放入碗中。将鲜奶油和栗子酱放入平底深锅中煮沸，浇在巧克力块上，搅拌至顺滑。将做好的巧克力淋酱倒入烤好的迷你塔皮中，摆放栗子块，放至微温后即可食用。

6. 根据个人喜好可以用调温巧克力和细砂糖作装饰。为了获得效果最佳的调温巧克力结晶，应严格按照下面的步骤操作：将黑巧克力粗切块，隔水加热至融化，且烹饪温度计达到45℃。让巧克力冷却至27℃，再次加热至30℃。将调温巧克力填入用烤盘纸做成的圆锥形纸袋中，剪掉圆锥形纸袋的前端，在撒匀细砂糖的盘子上依照个人的喜好挤出花样装饰。让巧克力在细砂糖中静置凝固，再小心地摆在迷你塔上，重复上述步骤装饰每个迷你塔。

榛子巧克力舒芙蕾迷你塔

Tartelettes soufflées au chocolat et aux noisettes

▌10人份

难易度： ★★☆
准备时间： 1小时15分钟
冷藏时间： 40分钟
制作时间： 约30分钟

▌原料：

榛子甜酥面团
- 室温回软的无盐黄油 100克
- 糖粉 40克
- 盐 1小撮
- 香草糖 1/4包
- 鸡蛋 1个
- 过筛的面粉 200克
- 过筛的榛子粉 40克

巧克力卡士达奶油酱
- 无糖可可粉 25克
- 水 50毫升
- 牛奶 200毫升
- 蛋黄 3个
- 细砂糖 15克
- 面粉 20克
- 榛子利口酒 1大匙
- 蛋清 3个
- 细砂糖 50克

装饰
- 糖粉适量

▌做法：

1. **榛子甜酥面团：** 将室温回软的无盐黄油、糖粉、盐和香草糖混合搅拌，加入鸡蛋后放入过筛的面粉和榛子粉，将材料揉成面团，轻轻压扁，用保鲜膜裹好，放入冰箱冷藏30分钟。

2. 将烤箱预热至180℃，将10个直径8厘米的迷你塔模内刷匀黄油。操作台上撒薄面，将面团擀成约3毫米厚，用直径10厘米的慕斯模裁压出10个圆形面皮，嵌入模具中，并用叉子在底部插出小孔，放入冰箱冷藏10分钟。

3. 将迷你甜酥塔皮放入烤箱烤约15分钟，至塔皮略呈金黄色后取出，在网架上放凉后脱模备用。

4. **巧克力卡士达奶油酱：** 将可可粉加水在平底深锅中混合，倒入牛奶后煮沸，离火。将鸡蛋、细砂糖在碗中搅拌至发白浓稠后，倒入面粉，浇入一半热牛奶后继续搅拌，接着倒入剩余的牛奶。将混合好的材料再次倒入平底深锅中，小火熬煮，用木勺不断搅拌至浓稠，继续让奶油酱沸腾1分钟，中间不停搅拌。将奶油酱倒入碗中，盖上保鲜膜，放凉后加入榛子利口酒。

5. 将烤箱预热至180℃。将蛋清打发至略起泡。缓慢加入1/3的细砂糖后持续搅拌至蛋白平滑光亮。再慢慢地倒入剩余的细砂糖，搅拌至硬性发泡。将打发的蛋白倒入卡士达奶油酱中，再将混合物铺在烤好的迷你塔皮内约2/3处，放入烤箱烤约15分钟至舒芙蕾表面均匀地膨胀，取出后在表面撒糖粉即可食用。

巧克力红糖烤面屑配煎烩芒果片
Mangues façon crumble

▌6人份

难易度： ★ ☆ ☆
准备时间： 30分钟
制作时间： 20~25分钟

▌原料：

巧克力红糖烤面屑
• 无盐黄油 75克
• 面粉 50克
• 无糖可可粉 25克
• 红糖 75克
• 榛子粉 75克

煎烩芒果片
• 芒果 3个
• 无盐黄油 60克
• 红糖 150克

▌做法：

1. 将烤箱预热至180℃，烤盘铺烤盘纸。

2. 巧克力红糖烤面屑：将制作面屑的所有材料放入碗中，充分混合至碎屑状。烤盘内铺1厘米厚的材料，放入烤箱烤10~15分钟。将烤好的面屑掰成小块，放凉备用。

3. 煎烩芒果片：将芒果去皮后切薄片，在长柄平底煎锅中将无盐黄油加热至融化，放入芒果片，撒红糖，以小火煎煮10分钟至芒果变软。

4. 准备6个汤盘，分别铺上几片芒果，并将烤好的巧克力面屑均匀地撒在装有芒果的盘子中，再铺上剩余的芒果片，趁热食用。

慕斯和奶油的奏鸣曲

Délices de mousse, délices de crème

制作巧克力
蛋白霜的正
确方法

Le bon geste pour faire une meringue chocolatée

根据所选择食谱（参考第152页）中的材料，以调整巧克力蛋白霜的做法。

① 将蛋清放入碗中打发至起泡，缓慢加入1/3的细砂糖（例如40克），持续搅拌至蛋白顺滑光亮。

② 缓慢倒入剩余的2/3的细砂糖（例如80克），将蛋白打发至凝固成形，将搅拌器抬起时蛋白呈尖角下垂的状态。

③ 小心地倒入100克糖粉和20克过筛的无糖可可粉，用木勺从中间开始向边缘缓慢搅拌至混合物柔软光亮。

舒芙蕾装入陶瓷盅或模具的正确方法

Le bon geste
pour préparer
des moules à soufflé

根据所选择食谱（参考第164页至第173页）中的步骤制作舒芙蕾，这里介绍的技巧适用于任何舒芙蕾模具，无论大小。

① 将每个陶瓷盅内刷匀黄油并均匀地撒细砂糖，将舒芙蕾模具在装有细砂糖的碗上倒扣，使多余的细砂糖落入碗中。

② 将制作舒芙蕾的面糊填入模具中，填满至与边缘齐平，用抹刀将表面整平。

③ 用拇指顺着模具的内缘转一圈，目的是将材料和模具的边缘形成约5毫米的空隙，以便在烘烤时舒芙蕾能够更好地膨胀。然后按照所选食谱中的步骤烘烤。

巧克力夏洛特
Charlotte au chocolat

▌ 10~12人份

难易度：★★☆
准备时间：1小时30分钟
制作时间：8分钟
冷藏时间：1小时

▌ 原料：

指形蛋糕
- 鸡蛋 4个
- 细砂糖 120克
- 过筛的面粉 120克
- 糖粉适量

巧克力巴伐露
- 明胶 3片
- 牛奶 170毫升
- 鲜奶油 500毫升
- 细砂糖 60克
- 蛋黄 6个
- 巧克力碎块 200克

装饰（根据个人喜好）
- 巧克力刨花（参考第189页）
  适量

▌ 做法：

1. 将烤箱预热至180℃，直径22厘米的慕斯模内刷匀黄油并撒细砂糖。在烤盘纸上画出直径22厘米的圆圈，将纸翻面后铺在烤盘中。

2. 指形蛋糕：将蛋清和蛋黄分离。将蛋黄和一半的细砂糖放入碗中搅拌至发白起泡。将蛋清和另一半的细砂糖打发至硬性起泡。缓慢将打发的蛋白混入蛋黄和细砂糖的混合物中，再加入过筛的面粉。将面糊倒入装有圆形裱花嘴的裱花袋中。在事先画好的圆形轮廓里，从中间开始向外螺旋状挤出圆形，与画好的圆形形成约1厘米的空隙。用剩余的面糊挤出与慕斯圈高度一致的条状，让每一个指形面糊轻轻靠在一起形成带状。分两次撒糖粉，放入烤箱烤8分钟，至面糊呈金黄色。

3. 巧克力巴伐露：将明胶放入冷水中浸软。将牛奶、170毫升鲜奶油和一半的细砂糖放入平底深锅中煮沸。将蛋黄和剩余的细砂糖搅拌至起泡，倒入1/4煮沸的牛奶和鲜奶油的混合物，用力搅拌均匀后，再倒入另外的1/4继续搅拌。将搅匀的材料倒入装有剩余牛奶和鲜奶油的平底深锅中，小火熬煮，不断搅拌至奶油酱附着在橡皮刮刀上。将明胶的水分尽量挤干，放入加热的混合物中。用漏斗形筛网过滤，倒入装有巧克力碎块的碗中快速搅拌。将碗放入装满冰块的容器中降温。期间，将剩余的鲜奶油打发至不会从搅拌器上滴落的状态，待巧克力奶油开始凝固时，倒入打发的鲜奶油。

4. 将与慕斯模高度一致的带状蛋糕切开。将圆形蛋糕放在模具的底部，再将带状蛋糕贴附在模具的内壁上，将鼓起的一面朝外，圆形的一端朝上，将巧克力巴伐露倒入至3/4处，放入冰箱冷藏1小时。取出后脱模，并在顶端用巧克力刨花作装饰。

巧克力焦糖布丁
Crème brûlée au chocolat

▌6人份

难易度： ★ ☆ ☆
准备时间： 10分钟
制作时间： 25分钟
冷藏时间： 1小时

▌原料：

- 蛋黄 4个
- 细砂糖 50克
- 牛奶 125毫升
- 鲜奶油 125毫升
- 黑巧克力碎块 100克

装饰

- 细砂糖适量

▌做法：

1. 将烤箱预热至95℃。

2. 将蛋黄和40克细砂糖放入大碗中，混合搅拌至起泡发亮。

3. 将牛奶、鲜奶油和剩余的细砂糖放入平底深锅中煮沸，倒入巧克力碎块后不断搅拌至融化，再倒入装有蛋黄和细砂糖的混合物中，边倒边搅拌。将混合物填入6个奶油布丁模具中约3/4处。

4. 放入烤箱烤25分钟，凝固后取出，置于阴凉处1小时。

5. 轻轻地在表面撒细砂糖，将烤架预热，将巧克力焦糖布丁放入烤箱烤至表面的糖呈焦糖色，取出后放凉，即可食用。

大厨小贴士 为了让焦糖布丁更容易烤出漂亮的焦糖色，应尽量将烤架靠近烤箱的热源。

白巧克力焦糖布丁

Crème brûlée au chocolat blanc

▌6人份

难易度： ★☆☆

准备时间： 30分钟~35分钟

浸泡时间： 1小时

冷藏时间： 1个晚上

▌原料：

- 浓奶油 400毫升
- 香草荚 1根
- 白巧克力 130克
- 蛋黄 6个
- 粗粒红糖 80克

▌做法：

1. 制作前一晚，将香草荚用刀剖成两半并用刀尖刮去籽，平底深锅内放入浓奶油、香草荚煮沸，离火后，静置浸泡1小时。

2. 将白巧克力切碎，隔水加热至融化，加入蛋黄后搅拌均匀。将香草浓奶油倒入白巧克力和蛋黄的混合物中，再倒入另一个平底深锅中，小火加热并不断用木勺搅拌至浓稠并附着于勺背（注意勿将奶油煮沸）。用漏斗形筛网过滤，将材料分别放入6个直径8厘米、高4厘米的舒芙蕾模具中，放凉后在冰箱中冷藏过夜。

3. 制作当天，在白巧克力奶油表面撒粗粒红糖，放入烤箱中加热的烤架上，烤至焦糖化，取出后即可食用。

巧克力奶油配胡椒香缇和焦糖薄片

Crème chocolat, chantilly au poivire, fines feuilles de caramel

▍12~15人份

难易度：★ ☆ ☆
准备时间：1小时
冷藏时间：30分钟

▍原料：

巧克力英式奶油酱
- 黑巧克力 220克
- 明胶 2片
- 蛋黄 5个
- 细砂糖 60克
- 牛奶 250毫升
- 鲜奶油 250毫升
- 香草荚 1根

焦糖薄片
- 细砂糖 250克
- 淡味蜂蜜 150克

胡椒香缇
- 鲜奶油 200毫升
- 胡椒粉 1小撮
- 糖粉 20克

▍做法：

1. **巧克力英式奶油酱**：将巧克力切碎后放入碗中。将明胶在冷水中浸软。将蛋黄、细砂糖放入碗中搅拌至发白浓稠。将香草荚用刀剖成两半并用刀尖刮掉籽，平底深锅中放入牛奶、香草荚煮沸，将1/3的香草牛奶倒入蛋黄、细砂糖的混合物中快速搅拌。再将混合物倒入装有剩余牛奶的平底深锅中，小火熬煮，用木勺不断搅拌，直到奶油酱浓稠并附着于勺背（注意勿将奶油酱煮沸）。离火，将香草荚捞弃。将明胶的水分尽量挤干，放入英式奶油酱中。将混合物倒在巧克力碎块上，用橡皮刮刀轻轻搅拌至完全融化。将巧克力奶油酱分别装入12~15个杯子中，放入冰箱冷藏30分钟。

2. **焦糖薄片**：将细砂糖和蜂蜜放入平底深锅中小火加热，慢慢搅拌至细砂糖完全融化，改大火继续熬煮约10分钟至焦糖呈金黄色。用木勺在涂过油的烤盘中或硅胶垫上薄薄地刷一层焦糖。放凉后，用手剥成大块的薄片。

3. **胡椒香缇**：将鲜奶油和胡椒粉打发至浓稠，再放入糖粉继续打发至鲜奶油香缇凝固成形，且抬起搅拌器时不会滴落。填入装有圆形裱花嘴的裱花袋中，将胡椒奶油香缇挤在杯中巧克力英式奶油酱的顶端，将焦糖薄片斜插在上面即可。

> **大厨小贴士**
>
> 胡椒和巧克力是最为绝妙的搭配，有多种胡椒可以为鲜奶油香缇增添辛辣和刺激的风味。临使用前再将胡椒磨碎，可以使口味更加浓郁。

爱尔兰鲜奶油咖啡
Crème à l'Irish coffee

4人份

难易度：★☆☆
准备时间：25分钟
冷藏时间：30分钟

原料：

巧克力淋酱

- 黑巧克力（可可脂含量 55%~70%）200克
- 高脂浓奶油 200毫升
- 细砂糖 2大匙
- 威士忌 2大匙

咖啡鲜奶油

- 鲜奶油 200毫升
- 过筛的糖粉 45克
- 咖啡精 1大匙

装饰

- 无糖可可粉适量

大厨小贴士

如果家中没有咖啡精，可以将1汤匙的速溶咖啡混合1茶匙的水代替。

做法：

1. 巧克力淋酱：将巧克力粗切块后放入碗中。将高脂浓奶油、细砂糖煮沸，浇在巧克力块上，搅拌至黏稠状，再加入威士忌，放入冰箱冷藏15分钟。取出后分别装入4个容量为150毫升的玻璃杯中，再次放入冰箱冷藏备用。

2. 咖啡鲜奶油：将鲜奶油和糖粉打发，至抬起搅拌器时混合物不再滴落，然后加入咖啡精。将咖啡鲜奶油填入装有星形裱花嘴的裱花袋中。

3. 食用前，将玻璃杯从冰箱中取出，将咖啡鲜奶油挤在巧克力淋酱顶部，撒可可粉即可。

古典奶油舒芙蕾
Crème soufflée à l'ancienne

■ 4人份

难易度：★ ☆ ☆

准备时间：15~20分钟

制作时间：7~8分钟

■ 原料：

- 黑巧克力（可可脂含量 55%~70%）100克
- 无盐黄油 60克
- 过筛的无糖可可粉 30克
- 蛋黄 2个
- 蛋清 3个
- 细砂糖 50克
- 糖粉适量

大厨 小贴士

室温下的蛋清比刚从冰箱中取出的蛋清更容易打成泡沫状。

■ 做法：

1. 将烤箱预热至200℃，将4个直径14厘米（或容量为160毫升）的浅烤盘刷匀黄油并撒细砂糖。

2. 将巧克力切碎后放入碗中，隔水加热至融化，放入无盐黄油搅拌至顺滑，再倒入过筛的可可粉。将隔水加热的容器离火，放至微温，加入蛋黄，备用。

3. 将蛋清打发至略起泡，慢慢倒入1/3的细砂糖，持续打发至顺滑发亮，再慢慢倒入剩余的细砂糖，继续打发至硬性发泡。

4. 小心地将打发的蛋白分3次倒入巧克力的混合物中，将所有材料分别装入浅烤盘中，放入烤箱烤七八分钟，取出后撒糖粉即可食用。

双色慕斯冻派
Deux mousses en terrine

10~12人份

难易度：★★☆

准备时间：1小时30分钟

制作时间：8分钟

冷藏时间：2小时（或冷冻1小时）

原料：

巧克力海绵蛋糕
- 无盐黄油 20克
- 鸡蛋 4个
- 细砂糖 125克
- 过筛的面粉 90克
- 过筛的无糖可可粉 30克

牛奶巧克力慕斯
- 牛奶巧克力 100克
- 鲜奶油 200毫升
- 蛋黄 2个
- 水 30毫升
- 细砂糖 20克

黑巧克力慕斯
- 黑巧克力 150克
- 鲜奶油 300毫升
- 蛋黄 2个
- 水 40毫升
- 细砂糖 30克

做法：

1. 将烤箱预热至200℃，烤盘内铺一张长38厘米、宽30厘米的烤盘纸。

2. 巧克力海绵蛋糕：将无盐黄油放入平底深锅中，小火加热至融化。将鸡蛋和细砂糖隔水加热并不断搅拌5~8分钟，至发白且有明显的纹路，抬起搅拌器时滴落的混合物能够不断形成缎带状。将混合物从隔水的容器中取出，用电动搅拌器以最高速搅拌至冷却。分二三次加入过筛的面粉和可可粉，小心且迅速地倒入微温的黄油。将面糊倒入烤盘中用橡皮刮刀整平，放入烤箱烤8分钟至海绵蛋糕变硬，但摸起来仍有弹性且已经脱离烤盘纸。取出后，将蛋糕带着烤盘纸一同放在网架上，在蛋糕上放另一个网架，将蛋糕翻扣，拿掉上面的烤架，放凉后将蛋糕上的烤盘纸撕下，将海绵蛋糕切片。将切片的海绵蛋糕放入长25厘米、宽10厘米的长方形模具中，将蛋糕切片贴着模具内壁摆放，预留一块和模具大小相同的蛋糕切片，留作最后的组合使用。

3. 牛奶巧克力慕斯：将巧克力切碎并隔水加热至融化。将鲜奶油打发至坚挺，且抬起搅拌器时不会滴落，放入冰箱冷藏备用。将蛋黄在碗中搅拌至颜色变淡。将水、细砂糖放入平底深锅中小火加热，不断搅拌至细砂糖完全融化，煮沸后继续炖煮2分钟。将糖浆沿着装有蛋黄的碗边慢慢倒入，持续搅拌至混合物浓稠冷却。用橡皮刮刀一点一点地将巧克力混入，最后加入打发的鲜奶油，混合均匀。

4. 黑巧克力慕斯：只需将牛奶巧克力换作黑巧克力，其余步骤同上。

5. 将牛奶巧克力慕斯倒入装有海绵蛋糕切片的模具中，用汤匙背将表面整平，再倒入黑巧克力慕斯，然后将预留的海绵蛋糕切片放在慕斯上。将模具放入冰箱冷藏2小时（或冷冻1小时），此款甜品冰凉时口感、味道最佳。

咖啡巧克力甜点
Entremets café-chocolat

┃ 6~8人份

难易度：★★☆
准备时间：1小时
制作时间：15分钟
冷藏时间：2小时

┃ 原料：

特浓黑巧克力蛋糕

- 黑巧克力（可可脂含量70%）
  50克
- 室温回软的无盐黄油 50克
- 蛋黄 2个
- 蛋清 2个
- 细砂糖 20克
- 过筛的面粉 25克

咖啡糖浆

- 水 50毫升
- 细砂糖 40克
- 速溶咖啡 5克

咖啡慕斯

- 黑巧克力（可可脂含量55%）
  85克
- 鲜奶油 175毫升
- 蛋黄 3个
- 细砂糖 40克
- 咖啡精 20克

巧克力镜面

- 黑巧克力 50克
- 鲜奶油 75毫升
- 淡味蜂蜜 15克

装饰（根据个人喜好）

- 咖啡豆适量

┃ 做法：

1. 将烤箱预热至180℃，烤盘内铺一张烤盘纸，将边长18厘米的方形空心模内刷匀黄油，放在烤盘纸上。

2. 特浓黑巧克力蛋糕：将巧克力切细碎后放入碗中，隔水加热至融化。将巧克力从隔水加热的容器中取出，加入室温回软的无盐黄油和蛋黄。将蛋清、细砂糖打发至凝固成形，慢慢地倒入巧克力的混合物中，加入面粉搅拌均匀。将所有材料倒入模具，放入烤箱烤15分钟，取出后让蛋糕在模具中放凉。

3. 咖啡糖浆：将水、细砂糖和速溶咖啡放入平底深锅中煮沸，离火后放凉备用。

4. 咖啡慕斯：将巧克力切细碎后放入碗中，隔水加热至融化，再放至微温。将鲜奶油打发至抬起搅拌器时不会滴落，放入冰箱冷藏备用。将蛋黄、细砂糖在碗中搅打至发白浓稠，放入咖啡精，再用橡皮刮刀一点点地加入巧克力和打发的鲜奶油中。

5. 将模具内的巧克力蛋糕浸泡咖啡糖浆，铺巧克力慕斯至填满模具，用抹刀将表面整平，放入冰箱冷藏1小时。

6. 巧克力镜面：将巧克力切细碎后放入碗中。将鲜奶油和淡味蜂蜜倒入平底深锅中煮沸，浇在巧克力碎上，搅拌均匀。

7. 将蛋糕从冰箱中取出，用抹刀将蛋糕表面均匀地涂上巧克力镜面，再次放入冰箱冷藏1小时，至镜面完全凝固，将方形模具移除。根据个人喜好，可以用咖啡豆作装饰。

血橙白巧克力慕斯甜点
Entremets chocolat blanc et orange sanguine

▌6~8人份

难易度：★★★
准备时间：1小时30分钟
制作时间：15分钟
冷藏时间：4小时

▌原料：

无面粉巧克力蛋糕
- 蛋清 2个
- 细砂糖 80克
- 蛋黄 2个
- 可可粉 25克

血橙糖浆
- 水 75毫升
- 细砂糖 75克
- 血橙汁 150毫升

血橙慕斯
- 明胶 2片
- 鲜奶油 300毫升
- 带果肉的血橙汁 150毫升
- 细砂糖 15克

白巧克力慕斯
- 白巧克力 100克
- 鲜奶油 200毫升

装饰
- 镜面果胶（根据个人喜好，参考第86页的材料并将比例加倍）适量
- 血橙 3瓣

▌做法：

1. 将烤箱预热至180℃，烤盘上铺一张长38厘米、宽30厘米的烤盘纸。

2. 无面粉巧克力蛋糕：将蛋清在碗中搅打至起泡，慢慢倒入1/3的细砂糖，持续搅打至顺滑光亮，再倒入剩余的细砂糖，打发至硬性发泡。小心地倒入蛋黄、可可粉搅拌均匀。将所有材料倒在烤盘上，铺平后放入烤箱烤15分钟，取出后，用直径18厘米的慕斯模在蛋糕上裁割出2个圆形，将剩余的蛋糕留存备用。

3. 血橙糖浆：将水、细砂糖放入平底深锅中煮沸，离火后加入血橙汁搅拌均匀。

4. 血橙慕斯：将明胶在冷水中浸软。将鲜奶油打发至抬起搅拌器时不会滴落。将1/3的血橙汁倒入平底深锅中加热，离火。将明胶中的水分尽量挤干，和细砂糖一同放入加热后的血橙汁，搅拌至明胶、细砂糖完全溶解，再倒入剩余的血橙汁，放入1/3打发的鲜奶油，最后将剩余的鲜奶油全部放入。

5. 白巧克力慕斯：将巧克力切细碎后放入碗中，隔水加热至融化。将鲜奶油打发至不会从搅拌器上滴落的状态。将巧克力从隔水加热的容器中取出，将一部分打发的鲜奶油倒入巧克力中，搅拌均匀后，慢慢地倒入剩余的鲜奶油。

6. 烤盘铺一张烤盘纸，并在上面摆放慕斯模。将其中一块圆形蛋糕坯放在慕斯模底部，浸泡血橙糖浆，再铺上约3厘米厚的血橙慕斯。将另一块蛋糕摆上去，重复上述步骤，然后铺上白巧克力慕斯，用抹刀将表面整平，放入冰箱冷藏4小时。取出后可以在表面刷镜面果胶，用3瓣新鲜血橙作装饰，脱模。将之前保留的蛋糕用筛网压成碎屑，在甜点的底部按压一圈。

覆盆子巧克力莫加多甜点
Entremets Mogador

▌ **10人份**

难易度：★★★
准备时间：1小时
制作时间：35分钟

▌ **原料：**

覆盆子巧克力蛋糕
- 黑巧克力 100克
- 无盐黄油 100克
- 蛋黄 4个
- 蛋清 4个
- 细砂糖 40克
- 过筛的面粉 50克
- 速冻覆盆子 100克

覆盆子糖浆
- 水 50毫升
- 细砂糖 50克
- 覆盆子蒸馏酒 2大匙

黑巧克力慕斯
- 黑巧克力（可可脂含量75%）
  75克
- 鲜奶油 200毫升
- 蛋黄 3个
- 水 25毫升
- 细砂糖 50克

装饰
- 覆盆子果酱 100克
- 覆盆子 125克
- 巧克力刨花 100克（参考第
  189页）

▌ **做法：**

1. 将烤箱预热至165℃，烤盘铺一张烤盘纸，将直径22厘米的慕斯模刷匀黄油后放在烤盘上。

2. 覆盆子巧克力蛋糕：将巧克力切细碎后放入碗中，隔水加热至融化。将巧克力从隔水融化的容器中取出，放入无盐黄油和蛋黄，搅拌均匀。将蛋清搅打起泡，慢慢放入1/3的细砂糖，持续搅打至顺滑光亮，再倒入剩余的细砂糖，将蛋白打发至硬性发泡。小心地将打发的蛋白分3次倒入巧克力的混合物中，再加入过筛的面粉。将所有材料倒入模具中，撒覆盆子，放入烤箱烤35分钟，取出后让蛋糕在模具中放凉备用。

3. 覆盆子糖浆：将水和细砂糖在平底深锅中煮沸，离火后，待糖浆冷却，放入覆盆子蒸馏酒。

4. 黑巧克力慕斯：将巧克力切碎后放入碗中，隔水加热至融化。将鲜奶油打发至凝固且不会从搅拌器上滴落，放入冰箱冷藏备用。将蛋黄在碗中搅打至颜色变浅。将细砂糖和水在平底深锅中加热煮沸，再继续熬煮2分钟，小心地将熬煮好的糖浆倒入搅打后的蛋黄中，继续搅拌至浓稠冷却。用橡皮刮刀慢慢混入巧克力和打发的鲜奶油。将混合物倒入装有圆形裱花嘴的裱花袋中备用。

5. 将带有模具的覆盆子蛋糕装盘后脱模。将蛋糕刷上覆盆子糖浆，并涂上一层覆盆子果酱。用裱花袋挤出黑巧克力慕斯小球，之间不留空隙，并向上堆叠形成金字塔状。在慕斯小球上撒适量覆盆子，最后用巧克力刨花装饰即可食用。

巧克力马斯卡普尼干酪粗麦甜点

Entremets à la semoule

8~10人份

难易度：★ ☆ ☆
准备时间：30分钟
浸泡时间：30分钟
制作时间：20分钟
冷藏时间：1个晚上

原料：

- 牛奶 600毫升
- 香草荚 1根
- 粗粒小麦粉 50克
- 切块的黑巧克力 225克
- 朗姆酒 60毫升
- 马斯卡普尼干酪 225克

装饰

- 草莓适量
- 马斯卡普尼干酪适量

做法：

1. 制作前一晚，将香草荚用刀剖开并用刀尖刮掉籽，平底深锅中放入牛奶、香草荚煮沸，离火，盖上锅盖浸泡30分钟。

2. 将香草荚捞弃，再次将牛奶煮沸后离火，一边慢慢将小麦粉一点点倒入牛奶中，一边搅拌。加入细砂糖，将所有材料再次放在火上煮沸，改小火继续熬煮20分钟，期间不时搅拌以免粘锅。离火后加入巧克力块，搅拌至巧克力完全融化，再放入朗姆酒和马斯卡普尼干酪。

3. 将长25厘米、高8厘米的模具过冷水，倒入做好的小麦粉混合物，盖上保鲜膜，放入冰箱过夜。

4. 制作当天，将模具从冰箱中取出后脱模，可搭配草莓和马斯卡普尼干酪一同食用。

大厨小贴士

可以在小麦粉中添加葡萄干以增添不同的口感和风味。

巧克力火锅
Fondue au chocolat

4人份

难易度：★ ☆ ☆
准备时间：20分钟

原料：

- 鲜奶油 300毫升
- 牛奶 50毫升
- 香草荚 1根
- 切细碎的黑巧克力 500克
- 香蕉 1根
- 猕猴桃 1个
- 新鲜（或罐头）菠萝 3~4片
- 草莓 250克

做法：

1. 将鲜奶油和牛奶倒入小号的平底深锅中，放入用刀剖成两半并用刀尖刮掉籽的香草荚，慢慢地加热至沸腾，刚一煮沸立即离火，捞出并丢弃香草荚，倒入切碎的黑巧克力，搅拌均匀，放入盛有开水的平底深锅内保持温度。

2. 将水果切片或切块，草莓保持完整即可。

3. 可制作单独的水果串，将融化的巧克力装在小碗中让每人独自享用；也可以在餐桌中央摆放盛有融化的巧克力的大碗和水果果盘，大家共同食用，还可以动手制作自己喜爱的水果串。

大厨小贴士 可以根据季节选择不同的水果。

番石榴焦糖风味巧克力克里奥布丁
Flan créole au chocolat et caramel de goyave

8人份

难易度： ★ ☆ ☆
准备时间： 30分钟
制作时间： 30分钟
冷藏时间： 2小时

原料：

番石榴焦糖
- 水 100毫升
- 细砂糖 200克
- 番石榴果肉 160克

巧克力克里奥布丁
- 黑巧克力 120克
- 鸡蛋 5个
- 牛奶 400毫升
- 牛奶酱 150克
- 炼乳 100毫升
- 香草精 1小匙
- 肉桂粉 1小撮

做法：

1. 将烤箱预热至150℃。

2. 番石榴焦糖：将水、细砂糖放入平底深锅中加热至细砂糖完全溶解，改大火继续熬煮10分钟，至糖浆呈金黄色（烹饪温度计达到165℃），倒入番石榴果肉，使焦糖降温阻止其继续焦化，将所有材料煮沸3分钟，然后将番石榴焦糖平均倒入8个小碗并没过碗底。

3. 巧克力克里奥布丁：将巧克力切细碎后放入大碗中。另碗磕入鸡蛋，用搅拌器轻轻搅打。将牛奶、牛奶酱和炼乳倒入平底深锅中，以小火熬煮，再将混合物倒在巧克力碎上，搅拌至均匀浓稠后将其倒入搅打好的鸡蛋中，放入香草精和肉桂粉。将奶油酱用漏斗形筛网过滤后，倒入装有番石榴焦糖的小碗中。

4. 将小碗放在大而深的烤盘中隔水加热，并在烤盘中注入一半的开水，放入烤箱烤30分钟至布丁凝固。将布丁从隔水加热的容器中取出，放凉后在冰箱中冷藏2小时即可。

塞维涅巧克力翻糖配杏仁糖奶油酱

Fondant Sévigné crème au pralin

▎ 10人份

难易度：★★☆
准备时间：1小时
冷藏时间：4~5小时

▎ 原料：

塞维涅巧克力翻糖
- 黑巧克力 270克
- 室温回软的无盐黄油 165克
- 蛋黄 4个
- 蛋清 4个
- 细砂糖 60克

杏仁糖膏英式奶油酱
- 杏仁糖 100克
- 蛋黄 3个
- 细砂糖 70克
- 牛奶 250毫升

参考第186页制作英式奶油酱
的正确方法。

▎ 做法：

1. 长25厘米、宽10厘米的长形蛋糕模内铺一张烤盘纸。

2. 塞维涅巧克力翻糖：将巧克力切碎后放入碗中，隔水加热至融化。将巧克力从隔水加热的容器中取出，放入无盐黄油和蛋黄后搅拌均匀。将蛋清搅拌至膨松起泡，慢慢放入1/3的细砂糖，持续将蛋白打发至顺滑光亮，再慢慢倒入剩余的细砂糖，打发至硬性发泡。用橡皮刮刀将打发的蛋白小心地分3次混入巧克力的混合物中。将混合好的材料倒入模具中，放入冰箱冷藏四五个小时。

3. 杏仁糖膏英式奶油酱：用食物料理机将杏仁糖搅打成粉末。将蛋黄和细砂糖在碗中搅打至发白浓稠。将牛奶倒入平底深锅中煮沸，将其中1/3倒入蛋黄和细砂糖的混合物中快速搅拌，再将混合物倒回盛有剩余牛奶的平底深锅中，小火熬煮并用木勺不断搅拌，直到浓稠并附着于勺背（注意勿将奶油酱煮沸）。用漏斗形筛网过滤奶油酱后，加入杏仁糖粉，放凉后在冰箱中冷藏。

4. 将模具底部泡在开水中，使翻糖在盘子中脱模，搭配杏仁糖膏英式奶油酱一同食用。

大厨小贴士

可以用多个小模具代替长形模具，做出可单独食用的塞维涅巧克力翻糖。此外，还可以参考第278页自己动手制作杏仁糖膏。

刺猬蛋糕
Le hérisson

8人份

难易度：★★☆
准备时间：1小时
制作时间：20分钟

原料：

巧克力指形蛋糕

- 蛋黄 3个
- 细砂糖 75克
- 蛋清 3个
- 过筛的面粉 70克
- 过筛的无糖可可粉 15克

糖浆

- 水 50毫升
- 细砂糖 50克

巧克力鲜奶油

- 黑巧克力 125克
- 鲜奶油 300毫升

装饰

- 杏仁片 50克
- 无糖可可粉适量

做法：

1. 将烤箱预热至165℃，准备2个烤盘和2张烤盘纸，在2张烤盘纸上画三个圆圈，直径分别是16厘米、14厘米和12厘米，画好后将烤盘纸翻面，分别铺在两个烤盘中。

2. 巧克力指形蛋糕：将蛋黄和一半的细砂糖在碗中搅打至发白浓稠。将蛋清和另一半细砂糖打发至硬性发泡，慢慢地倒入蛋黄和细砂糖的混合物中，再小心地加入过筛的面粉和可可粉。将面糊倒入装有圆形裱花嘴的裱花袋中，根据画好的轮廓，从中心开始向外螺旋状挤出面糊，至填满圆圈。放入烤箱烤15分钟，取出后静置备用。

3. 糖浆：将水和细砂糖在平底深锅煮沸，放凉备用。

4. 巧克力鲜奶油：将巧克力切碎后放入碗中，隔水加热至融化。将鲜奶油打发至不会从搅拌器上滴落的状态，倒入巧克力中，快速搅拌至顺滑均匀，将巧克力鲜奶油填入装有圆形裱花嘴的裱花袋中备用。

5. 将烤箱保持之前的温度，在铺有烤盘纸的烤盘中撒杏仁片，放入烤箱中焙烤5分钟，使杏仁片略微烤成金黄色。

6. 将直径16厘米的巧克力指形蛋糕摆在盘中，刷糖浆，用裱花袋在蛋糕上密集地挤出巧克力鲜奶油小球，小球之间不留任何空隙。摆上直径14厘米的指形蛋糕，重复上述步骤。摆上直径12厘米的蛋糕，再次重复上述步骤。为做成金字塔状，在蛋糕周围也要不留空隙地挤上巧克力鲜奶油小球。最后撒可可粉，将杏仁片插在小球之间的接缝处。

侯爵夫人巧克力蛋糕
Marquise au chocolat

12人份

难易度：★ ★ ★
准备时间：1小时
冷冻时间：30分钟
冷藏时间：1小时20分钟

原料：

岩石底层
- 黑巧克力 150克
- 杏仁糖 200克
- 法式薄脆片 120克

巧克力慕斯
- 黑巧克力 275克
- 鲜奶油 550毫升

黑巧克力镜面
- 黑巧克力 150克
- 鲜奶油 150毫升
- 淡味蜂蜜 75克
- 无盐黄油 20克

参考第17页制作蛋糕镜面的正确方法。

做法：

1. 岩石底层：将巧克力切细碎后放入碗中，隔水加热至融化，加入杏仁糖，用橡皮刮刀搅拌均匀后，放入法式薄脆片。在烤盘纸上画出2个直径20厘米的圆圈，铺上厚度约为0.5厘米的巧克力混合物，将两块岩石底层放入冰箱冷冻30分钟。

2. 巧克力慕斯：将巧克力切碎后放入碗中，隔水加热至融化。将鲜奶油打发至凝固且不会从搅拌器上滴落，倒在巧克力上，快速搅拌至顺滑均匀。将做好的巧克力慕斯填入装有圆形裱花嘴的裱花袋中备用。

3. 在餐盘中放直径22厘米的慕斯模，摆一块岩石底层，用裱花袋挤1厘米厚的巧克力慕斯，再放另一块岩石圆盘并轻轻按压，铺巧克力慕斯至模具边缘，用抹刀修平表面后，将巧克力慕斯放入冰箱冷藏1小时。

4. 黑巧克力镜面：将黑巧克力切细碎后放入碗中。将鲜奶油和蜂蜜倒入平底深锅中煮沸，浇在巧克力上，搅拌均匀后放入无盐黄油，在室温下静置备用。

5. 将巧克力慕斯从冰箱中取出，用热水浸泡过的茶巾使模具边缘回温，脱模。再将巧克力慕斯再次放入冰箱冷藏10分钟。将网架摆在碗上，将巧克力慕斯放在网架上，淋黑巧克力镜面，待蛋糕完全覆盖镜面时，用橡皮抹刀整平。待镜面不再滴落时，将蛋糕放入盘中，放入冰箱冷藏约10分钟，使巧克力完全凝固。取出后切成小份，即可食用。

> **大厨小贴士** 可以用榛子巧克力面包酱代替杏仁糖。

巧克力蛋白霜甜点
Meringue chocolatée

10人份

难易度：★★☆
准备时间：30分钟
制作时间：1小时
静置时间：1小时

原料：

巧克力蛋白霜
- 蛋清 4个
- 细砂糖 120克
- 过筛的糖粉 100克
- 过筛的无糖可可粉 20克

巧克力鲜奶油香缇
- 切细碎的黑巧克力（可可脂 含量66%）100克
- 鲜奶油 200毫升
- 糖粉 20克

装饰
- 覆盆子 200克
- 糖粉适量

做法：

1. 将烤箱预热至100℃，在烤盘纸上画出10个直径8厘米的圆圈，将纸翻面后，铺在烤盘内。

2. 巧克力蛋白霜：将蛋清放入碗中搅打至顺滑，慢慢加入细砂糖，持续搅打至硬性发泡，小心地倒入过筛的糖粉和可可粉。将混合物填入装有星形裱花嘴的裱花袋中，根据之前画出的10个圆形轮廓，从中心向外螺旋状挤出蛋白霜，待到最外圈时，往回绕一圈加高边缘，形成鸟巢状。放入烤箱烤1小时，至蛋白霜酥脆。取出后在网架上放凉，室温静置1小时。

3. 巧克力鲜奶油香缇：将黑巧克力碎隔水加热至融化。将鲜奶油搅打至轻盈膨胀，加入糖粉后持续打发至凝固成形，将融化的黑巧克力倒入鲜奶油香缇中，继续快速打发。

4. 将适量的巧克力鲜奶油香缇铺在每个巧克力蛋白霜鸟巢底层，摆放覆盆子，筛糖粉即可。

 大厨 小贴士 可以将蛋白霜底层提前数周做好，放在干燥处保存备用。

黑巧克力翻糖烤蛋
Œufs en cocotte au chocolat

▌ 12人份

难易度： ★ ★ ☆
准备时间： 1小时～1个晚上
制作时间： 8分钟
冷藏时间： 30分钟

▌ 原料：

• 鸡蛋 12个

黑巧克力翻糖
• 黑巧克力 115克
• 无盐黄油 100克
• 细砂糖 115克
• 樱桃酒 25毫升

牛奶酱汁
• 明胶 2片
• 牛奶 75毫升
• 鲜奶油 170毫升
• 细砂糖 25克
• 香草荚 1/2根

▌ 做法：

1. 制作前一晚，将12个鸡蛋顶端的壳去掉，将蛋液清空。保留2个完整的蛋黄和蛋清以及1个蛋黄为本甜品使用。其倒出的蛋液适当保存，可在制作其他甜品时使用。将12个蛋壳小心地冲洗干净并晾干，将盛装鸡蛋的盒子留好。

2. 制作当天，将烤箱预热至170℃。

3. 黑巧克力翻糖：将巧克力切块后放入碗中，和无盐黄油一起隔水加热至融化。将2个鸡蛋、1个蛋黄、细砂糖和樱桃酒在碗中搅拌均匀，然后倒入融化的巧克力中。将蛋壳摆放在蛋盒中固定，填入黑巧克力翻糖至蛋壳的大约3/4处，连同盛蛋盒一起放入烤箱烤8分钟，取出后放凉备用。

4. 牛奶酱汁：将明胶在冷水中浸软。将牛奶、鲜奶油、细砂糖和半根用刀尖刮掉籽的香草荚一同放入平底深锅中加热至沸腾，离火后浸泡10分钟，用漏斗形筛网将混合物过滤。将明胶的水分尽量挤干，放入混合物中搅拌均匀后放入冰箱冷藏30分钟。

5. 用冷藏后的牛奶酱汁填满蛋壳，即可食用。

大厨小贴士

需用冷水小心清洗蛋壳。准备烘烤前，请先将放置鸡蛋的蛋盒用水浸泡后再放入烤箱，以免蛋盒因温度过高炸裂。

巧克力面包酱
Pâte à tartiner au chocolat

▌8人份

难易度：★★☆

准备时间：40分钟

▌原料：

- 黑巧克力 80克
- 淡味蜂蜜 20克
- 鲜奶油 160毫升

榛子杏仁糖膏

- 水 60毫升
- 细砂糖 200克
- 去皮榛子 150克
- 去皮杏仁 50克
- 榛子油 30毫升

参考278页制作杏仁糖膏的正确方法。

▌做法：

1. 将黑巧克力切细碎后和蜂蜜一起放入大碗中。将鲜奶油煮沸，浇在巧克力上，搅拌均匀后备用。

2. 榛子杏仁糖膏：将水、细砂糖放入平底深锅中加热至沸腾，放入去皮的榛子和杏仁，用木勺不断搅拌，离火后持续搅拌至榛子和杏仁表面覆盖上一层白色糖霜。再次加热至糖霜焦糖化。将焦糖榛子和杏仁在烤盘纸上铺开，放凉后敲成碎块，放入食物加工机中打碎成粉末并呈膏状（为达到最好的制作效果，搅拌时应不时停下料理机，用橡皮刮刀将粉末混合），再将榛子杏仁糖膏放入碗中备用。

3. 将一部分榛子杏仁糖膏加入巧克力的混合物中，用橡皮刮刀搅拌均匀，再倒入剩余的榛子杏仁糖膏，混入榛子油，从碗中间向四周用橡皮刮刀搅拌至顺滑，再放入电动搅拌器中搅拌，最后倒入玻璃容器中，在室温下保存即可。

> **大厨小贴士**
>
> 可以用牛奶巧克力代替黑巧克力，还可以用核桃油代替榛子油。此款面包酱可在室温下保存二三个星期。

巧克力布丁小盅
Petits pots au chocolat

▌6人份

难易度：★ ☆ ☆
准备时间：15分钟
制作时间：30分钟

▌原料：

• 黑巧克力 80克
• 牛奶 500毫升
• 鲜奶油 200毫升
• 香草荚 1/2根
• 鸡蛋 2个
• 蛋黄 4个
• 细砂糖 130克

▌做法：

1. 将烤箱预热至170℃。

2. 将巧克力切碎后放入平底深锅中，加入牛奶、鲜奶油和用刀尖刮掉籽的半根香草荚，煮沸后离火。将鸡蛋、蛋黄和细砂糖在碗中搅打至发白黏稠，再倒入巧克力的混合物中。将所有材料用漏斗形筛网在碗上过滤，用汤匙撇去表面的泡沫。

3. 将巧克力的混合物平均地装在6个100毫升的舒芙蕾模具中，填满至与边缘齐平。将舒芙蕾模具放入较深的烤盘中，在烤盘中倒入约高度一半的开水隔水加热，放入烤箱烤30分钟至表面摸起来柔软但并不粘手（若未达到此效果，可适当延长烘烤时间）。将舒芙蕾模具从隔水加热的烤盘中取出，放凉，待完全冷却后即可食用。

> **大厨小贴士**
>
> 这款巧克力布丁小盅可在冰箱冷藏保存二三天。根据个人喜好，可以用鲜奶油香缇作装饰，并撒上可可粉。

三色布丁小盅
Petits pots de crème

▍12人份

难易度： ★ ☆ ☆

准备时间： 10分钟

制作时间： 20~25分钟

▍原料：

- 速溶咖啡粉 5克
- 无糖可可粉 30克
- 牛奶 750毫升
- 细砂糖 150克
- 香草荚 1根
- 鸡蛋 3个
- 蛋黄 2个

▍做法：

1. 将烤箱预热至170℃。准备3个大碗，一个放入速溶咖啡，一个放入可可粉，一个空碗备用。

2. 将香草荚用刀剖成两半并用刀尖刮下籽，平底深锅放入牛奶、一半的细砂糖、香草荚煮沸后，离火。

3. 将鸡蛋、蛋黄、剩余的细砂糖搅打均匀，倒入加热的香草甜牛奶后继续搅拌。用漏斗形筛网过滤，将过滤后的混合物平均放入3个大碗中（每个碗约350克），将装有速溶咖啡和可可粉的混合物搅拌均匀，调出不同的口味。

4. 将4个直径7厘米、高3厘米的舒芙蕾模具填满咖啡奶油，再取4个填入巧克力奶油，最后4个填入香草味奶油，用汤匙撇去浮沫。将舒芙蕾模具放入较深的烤盘中，在烤盘中倒入约为高度一半深的开水隔水加热，放入烤箱烤20~25分钟，至将餐刀插入布丁中心，抽出后刀身没有奶油粘附。将布丁放凉后在冰箱中冷藏，待完全冷却后即可食用。

> **大厨小贴士**
>
> 可以在隔水加热的烤盘底部铺一张吸水纸，以避免水煮沸时布丁表面形成气泡，变得不够光滑。

巧克力女皇米布丁配百香果冰沙
Riz à l'impératrice au chocolat et granité Passion

10人份

难易度：★★☆
准备时间：1小时30分钟
制作时间：约30分钟
冷藏时间：3小时20分钟

原料：

米布丁
- 牛奶 250毫升
- 鲜奶油 40毫升
- 水 1升
- 圆粒米 75克
- 百香果汁 150毫升
- 细砂糖 15克

黑巧克力奶油酱
- 黑巧克力 150克
- 明胶 2片
- 蛋黄 2个
- 细砂糖 50克
- 牛奶 125毫升
- 鲜奶油 395毫升
- 香草荚 1根

百香果冰沙
- 水 150毫升
- 细砂糖 40克
- 百香果汁 150毫升

覆盆子果冻
- 覆盆子酱 150毫升
- 明胶 2片

装饰
- 新鲜覆盆子

做法：

1. 米布丁：将牛奶和鲜奶油在平底深锅中加热。另一平底深锅中放入水，煮沸后放入圆粒米，再煮2分钟。将米捞出后沥干，放入之前加热的牛奶和鲜奶油中，加入百香果汁，用小火煮约20分钟，加入细砂糖继续炖煮5分钟后离火，放凉。

2. 黑巧克力奶油酱：将巧克力切碎后放入碗中。将明胶用冷水浸软。将蛋黄和一半的细砂糖放入碗中搅打至发白浓稠。将牛奶、20毫升鲜奶油以及用刀剖成两半并用刀尖刮掉籽的香草荚在平底深锅中煮沸后，将其中的1/3倒入蛋黄和细砂糖的混合物中快速搅拌。将搅拌好的材料倒入装有剩余牛奶的平底深锅中，小火熬煮并用木勺不断搅拌至奶油酱浓稠并附着于勺背（注意勿将奶油酱煮沸）。将明胶中的水分尽量挤干，放入奶油酱中。将所有混合好的材料浇在巧克力上，搅拌至顺滑均匀。在大碗上用漏斗形筛网过滤后，将碗放入装满冰的容器中降温冷却，期间不时搅拌。打发剩余的鲜奶油，将米布丁和黑巧克力奶油酱混合，倒入打发的鲜奶油，搅拌均匀后倒入直径20厘米的夏洛特模具中，放入冰箱冷藏3小时。

3. 百香果冰沙：将水、细砂糖和百香果汁充分混合，至细砂糖完全溶解。将百香果糖浆倒入一个浅口大盘子里约1厘米深，放入冰箱冷冻，期间不时用叉子将结成的冰碴压碎，当冰沙完全凝固时，分别装入10个玻璃杯中。

4. 覆盆子果冻：将1/4的覆盆子酱加热，离火后放入提前用冷水浸软的明胶。将混合物倒入剩余的覆盆子酱中，放入冰箱冷藏20分钟。将女皇米布丁脱模，覆盆子果冻搅拌后放在米布丁上，再用覆盆子作装饰即可，最后搭配每人一杯的百香果冰沙一同食用。

巧克力舒芙蕾
Soufflé au chocolat

▌8人份

难易度： ★ ☆ ☆
准备时间： 30分钟
制作时间： 45分钟

▌原料：

巧克力卡士达奶油酱
- 黑巧克力 115克
- 牛奶 500毫升
- 香草荚 1根
- 蛋黄 4个
- 细砂糖 80克
- 面粉 60克
- 蛋清 6个
- 细砂糖 30克

装饰
- 无糖可可粉适量

参考第125页舒芙蕾装入陶瓷盅或模具的正确方法。

▌做法：

1. 巧克力卡士达奶油酱：将巧克力切细碎后放入碗中，隔水加热至融化。将牛奶和用刀剖成两半并用刀尖刮掉籽的香草荚放入平底深锅中煮沸，离火。将鸡蛋、细砂糖在碗中搅拌至发白浓稠，倒入面粉。将香草荚从牛奶中捞出，将一半的热香草牛奶倒入蛋黄、细砂糖和面粉的混合物中搅拌均匀，再倒入剩余的牛奶。将所有材料再次倒入平底深锅中，小火熬煮，并用木勺不断搅拌至浓稠。将奶油酱倒入已经融化的巧克力中，搅拌至顺滑均匀。将巧克力卡士达奶油酱的表面盖上保鲜膜，备用。

2. 将烤箱预热至180℃。将直径23厘米的舒芙蕾模具内刷匀黄油并撒糖粉。

3. 将蛋清打发至膨松起泡，慢慢加入1/3的细砂糖，继续打发至顺滑光亮，再慢慢地倒入剩余的细砂糖打发至硬性发泡。

4. 用橡皮刮刀小心地将打发的蛋白分3次倒入巧克力卡士达奶油酱中。将混合物倒入模具中，完全填满至与边缘齐平，用抹刀将表面整平。戴上处理食品的专用塑料手套，用拇指顺着模具的内壁边缘转一圈，在面糊和模具内壁间形成5毫米的空隙（以便舒芙蕾可以更加容易膨胀鼓起）。放入烤箱烤45分钟，至舒芙蕾表面均匀膨胀。从烤箱中取出后，在舒芙蕾表面撒可可粉后即可食用。

苦味巧克力热舒芙蕾
Soufflé chauds au chocolat amer

▌6人份

难易度：★ ☆ ☆
准备时间：30分钟
制作时间：15分钟

▌原料：

舒芙蕾底层

• 苦味巧克力（可可脂含量
  55%~70%）30克
• 无糖可可粉 30克
• 水 120毫升
• 蛋黄 1个
• 玉米粉 20克
• 蛋清 6个
• 细砂糖 90克

装饰

• 糖粉适量

参考第125页舒芙蕾装入陶瓷
盅或模具的正确方法。

▌做法：

1. 将烤箱预热至180℃，将6个直径8厘米的舒芙蕾陶瓷盅内刷匀黄油并撒糖粉。

2. 舒芙蕾底层：将巧克力切细碎后放入碗中。平底深锅内放入水、可可粉，搅拌均匀后煮沸，浇在巧克力碎上，搅拌至巧克力融化，放至微温，放入蛋黄和玉米粉。

3. 将蛋清打发至起泡，慢慢加入1/3的细砂糖，继续搅打至顺滑光亮，再缓慢放入剩余的细砂糖打发至硬性发泡。

4. 用橡皮刮刀慢慢地将打发的蛋白分3次与舒芙蕾底层混合。将混合好的材料分别填满6个直径8厘米的模具，用抹刀将表面整平。戴上处理食品的专用塑料手套，用拇指顺着模具的内壁边缘转一圈，在面糊和模具内壁间形成5毫米的空隙（以便舒芙蕾可以更加容易膨胀鼓起）。放入烤箱烤约15分钟，至舒芙蕾表面均匀鼓起。从烤箱中取出后，在热舒芙蕾表面撒可可粉后即可食用。

咖啡巧克力热舒芙蕾
Soufflé chauds au chocolat et au café

▌ 6人份

难易度：★★☆
准备时间：1小时
冷冻时间：2小时
制作时间：15分钟

▌ 原料：

咖啡巧克力淋酱圆片
- 黑巧克力 75克
- 鲜奶油 75毫升
- 速溶咖啡 2克

舒芙蕾底层
- 黑巧克力 60克
- 无糖可可粉 60克
- 水 240毫升
- 蛋黄 2个
- 蛋清 4个
- 细砂糖 50克

参考第125页舒芙蕾装入陶瓷盅或模具的正确方法。

▌ 做法：

1. 咖啡巧克力淋酱圆片：烤盘内铺一张烤盘纸。将巧克力粗切块后放入碗中。将鲜奶油和咖啡在平底深锅中煮沸，倒入装有巧克力块的碗中搅拌均匀。用小茶匙在烤盘纸上做出24个咖啡巧克力淋酱小圆片，放入冰箱冷冻2小时。

2. 将烤箱预热至180℃。6个直径8厘米的舒芙蕾陶瓷盅内刷匀黄油并撒糖粉。

3. 舒芙蕾底层：将巧克力切细碎后放入碗中。将可可粉和水倒入平底深锅中，搅拌均匀后煮沸，浇在巧克力碎上，搅拌至巧克力融化，放至微温，放入蛋黄。

4. 将蛋清打发至起泡，慢慢加入1/3的细砂糖，继续搅打至顺滑光亮，再缓慢放入剩余的细砂糖，将蛋白打发至硬性发泡。

5. 用橡皮刮刀慢慢地将打发的蛋白分3次与舒芙蕾底层混合。将混合好的材料分别填满6个直径8厘米的模具，与边缘齐平，用抹刀将表面整平。戴上处理食品的专用塑料手套，用拇指顺着模具的内壁边缘转一圈，在面糊和模具内壁间形成5毫米的空隙（以便舒芙蕾可以更加容易膨胀鼓起）。放入烤箱烤约15分钟，至舒芙蕾表面均匀鼓起。从烤箱中取出后，在热的舒芙蕾表面撒糖粉后即可食用。

白巧克力舒芙蕾

Soufflé au chocolat blanc

▌ 12人份

难易度： ★ ☆ ☆

准备时间：30分钟

制作时间：20分钟

▌ 原料：

白巧克力卡士达奶油酱

- 白巧克力 125克
- 牛奶 300毫升
- 蛋黄 4个
- 细砂糖 80克
- 面粉 20克
- 蛋清 10个
- 细砂糖 80克

装饰

- 糖粉适量

参考第125页舒芙蕾装入陶瓷盅或模具的正确方法。

▌ 做法：

1. 将烤箱预热至180℃。12个直径8厘米的舒芙蕾陶瓷盅内刷匀黄油并撒糖粉。

2. 白巧克力卡士达奶油酱：将白巧克力切碎后放入碗中。将牛奶倒入平底深锅中煮沸后离火。将蛋黄、细砂糖在碗中搅拌至发白浓稠，放入面粉。将一半的热香草牛奶倒在蛋黄、细砂糖和面粉的混合物中搅拌均匀，再倒入剩余的牛奶。将所有材料再次放入平底深锅中小火熬煮，并用木勺不断搅拌至浓稠，继续让奶油酱沸腾1分钟，期间不停搅拌，离火后将奶油酱倒入白巧克力中搅拌至顺滑均匀。白巧克力卡士达奶油酱的表面盖上保鲜膜，备用。

3. 将蛋清打发至起泡，慢慢加入1/3的细砂糖，继续搅打至顺滑光亮，再缓慢放入剩余的细砂糖，将蛋白打发至硬性发泡。

4. 用橡皮刮刀慢慢地将打发的蛋白分3次与白巧克力卡士达奶油酱混合。将混合好的材料分别填满12个舒芙蕾陶瓷模具，用抹刀将表面整平。戴上处理食品的专用塑料手套，用拇指顺着模具的内壁边缘转一圈，在面糊和模具内壁间形成5毫米的空隙（以便舒芙蕾可以更加容易膨胀鼓起）。放入烤箱烤约20分钟至舒芙蕾表面均匀鼓起。从烤箱中取出后，撒糖粉后即可食用。

巧克力冰火二重奏

Le tout chocolat

▌6人份

难易度：★ ★ ☆
准备时间：45分钟
制作时间：15分钟

▌原料：

巧克力雪葩

- 黑巧克力 200克
- 水 250毫升
- 牛奶 250毫升
- 细砂糖 170克
- 无糖可可粉 25克

巧克力熔岩舒芙蕾

- 黑巧克力 100克
- 无盐黄油 60克
- 蛋黄 4个
- 蛋清 4个
- 细砂糖 50克

装饰

- 糖粉适量

▌做法：

1. 巧克力雪葩：将黑巧克力切细碎后放入碗中。将水、牛奶、细砂糖和可可粉放入平底深锅中煮沸，浇在巧克力碎上，搅拌均匀，用漏斗形筛网过滤后放凉。将材料放入冰激凌机中搅拌，待雪葩形成后放入冰箱冷冻备用。

2. 将烤箱预热至180℃， 6个直径8厘米的舒芙蕾陶瓷盅内刷匀黄油并撒糖粉。

3. 巧克力熔岩舒芙蕾：将黑巧克力切细碎后和无盐黄油一起放入碗中，隔水加热至融化，然后从隔水加热的容器中取出，放入蛋黄。将蛋清打发至起泡，慢慢地加入1/3的细砂糖，继续打发至顺滑光亮，再小心地倒入剩余的细砂糖，持续打发至硬性发泡。用橡皮刮刀缓慢将打发的蛋白分3次与巧克力黄油糊混合。将混合好的材料分别填满舒芙蕾陶瓷模具，用抹刀将表面整平。戴上处理食品的专用塑料手套，用拇指顺着模具的内壁边缘转一圈，在面糊和模具内壁间形成5毫米的空隙（以便舒芙蕾可以更加容易膨胀鼓起）。放入烤箱烤约15分钟，至舒芙蕾表面均匀鼓起。

4. 将舒芙蕾从烤箱中取出后撒糖粉，搭配巧克力雪葩一同食用。

加勒比巧克力翻糖切片配鲜杏酱和开心果碎

Tranche fondante de chocolat Caraïbes, coulis d'abricot et éclats de pistaches

10人份

难易度： ★ ☆ ☆
准备时间： 1小时
制作时间： 15分钟
冷藏时间： 1个晚上

原料：

加勒比巧克力翻糖切片

- 室温回软的无盐黄油 150克
- 加勒比巧克力 75克
- 无糖可可粉 90克
- 蛋黄 4个
- 细砂糖 125克
- 咖啡精 1大匙
- 鲜奶油 300毫升

鲜杏酱

- 鲜杏 500克
- 细砂糖 90克
- 柠檬汁 1/2个
- 水 400毫升

装饰

- 开心果碎适量

做法：

1. 前一晚制作加勒比巧克力翻糖切片：将室温回软的无盐黄油在碗中搅拌至浓稠的膏状。将巧克力切碎后放入碗中，隔水加热至融化，离火，倒入无盐黄油和可可粉，打发至非常顺滑。将蛋黄和细砂糖搅拌至发白浓稠后，放入咖啡精。用橡皮刮刀慢慢地将其掺入巧克力、可可粉和无盐黄油的混合物中。将鲜奶油在碗中打发至凝固且不会从搅拌器上滴落。缓慢放入1/3的巧克力混合物，再加入剩余的混合物搅拌均匀。将所有材料倒入长25厘米、宽10厘米的陶瓷模具中，用橡皮刮刀将表面整平，盖上保鲜膜后放入冰箱冷藏过夜。

2. 当天制作鲜杏酱：将鲜杏洗净后擦干。用刀将杏剖开、去核，将果肉切成小块。将切好的鲜杏小块放入平底深锅中，放入细砂糖、柠檬汁和水后煮沸，改小火继续熬煮约15分钟，至杏块变软。将所有材料倒入食物加工机中搅拌为果酱。若果酱太酸，可以适当加入细砂糖，放入冰箱冷藏30分钟。

3. 将巧克力翻糖从冰箱中取出，将模具在热水中稍浸泡后脱模。刀用热水浸泡后将巧克力翻糖切片，切好后，在每个盘子中摆放一二片，搭配适量鲜杏酱，用开心果碎作装饰后即可食用。

 大厨小贴士 加勒比巧克力是来自加勒比岛顶级产地的巧克力，采用混合可可豆，可可脂含量为66%。

巧克力慕斯
Mousse au chocolat

▌ 8人份

难易度： ★ ☆ ☆
准备时间： 30分钟
冷藏时间： 至少3小时

▌ 原料：

- 黑巧克力（可可脂含量55%）
  125克
- 无盐黄油 50克
- 鲜奶油 150毫升
- 蛋黄 2个
- 蛋清 3个
- 细砂糖 45克

**大厨
小贴士**

为了获得更加轻盈
膨松的口感，可以
将鸡蛋从冰箱中取
出，在室温下放置
一段时间后再开始
制作。

▌ 做法：

1. 将巧克力切块后放入碗中，加入无盐黄油，隔水加热至融化，放凉备用。

2. 将鲜奶油在大碗中打发至不会从搅拌器上滴落，混入蛋黄，搅拌均匀后放入冰箱冷藏。

3. 将蛋清打发至膨松起泡，倒入1/3的细砂糖，继续打发至顺滑光亮，再慢慢倒入剩余的细砂糖，打发至硬性发泡。

4. 缓慢将打成泡沫状的蛋白分3次倒入打发的鲜奶油和蛋黄的混合物中，加入融化的巧克力后快速打发，再将巧克力慕斯放入冰箱至少冷藏3小时，取出后即可食用。

白巧克力慕斯
Mousse au chocolat blanc

10人份

难易度：★ ☆ ☆
准备时间：20分钟
冷藏时间：至少3小时

原料：

白巧克力慕斯
- 白巧克力 300克
- 鲜奶油 600毫升

装饰
- 黑巧克力刨花（参考第189页）150克

做法：

1. 白巧克力慕斯：将白巧克力切细碎后放入碗中，隔水加热至融化。将鲜奶油打发至坚挺且附着在搅拌器上不会滴落。将100毫升已打发的鲜奶油放入碗中，将其余的鲜奶油冷藏。将融化的白巧克力倒在装有100毫升鲜奶油的碗中快速搅拌，再用橡皮刮刀拌入冷藏后的鲜奶油。将白巧克力慕斯平均地装在10个高脚杯中约1/2处，放入冰箱冷藏至少3小时。

2. 食用时，提前30分钟将慕斯杯从冰箱中取出，以免过于冰凉；撒巧克力刨花即可。

> **大厨小贴士**
>
> 为了让鲜奶油更容易打发，可将准备打发的鲜奶油放入冰箱冷藏15分钟。

大吉岭巧克力慕斯配哥伦比亚咖啡奶油
Mousse au chocolat à l'infusion de Darjeeling, crème au café de Colombie

▌4人份

难易度：★★☆
准备时间：50分钟
冷藏时间：至少3小时

▌原料：

大吉岭巧克力慕斯

- 水 50毫升
- 大吉岭茶包 1袋
- 黑巧克力 200克
- 无盐黄油 25克
- 细砂糖 75克
- 烘烤且压碎的榛子 60克（根据个人喜好）
- 蛋黄 3个
- 蛋清 3个

哥伦比亚咖啡英式奶油酱

- 蛋黄 3个
- 细砂糖 70克
- 牛奶 250毫升
- 哥伦比亚速溶咖啡 5克

鲜奶油香缇

- 鲜奶油 200毫升
- 香草精 1~2滴
- 糖粉 20克

装饰

- 新鲜薄荷叶适量

▌做法：

1. 大吉岭巧克力慕斯：将水和大吉岭茶包放入平底深锅中煮沸，离火后浸泡10分钟，捞出茶包。将巧克力切块，与无盐黄油、一半的细砂糖一起隔水加热至融化，期间不要搅拌，可以根据喜好选择加入压碎的榛子，再倒入大吉岭茶汤。将混合物从隔水加热的容器中取出，加入蛋黄后静置放凉。将蛋清和剩余的细砂糖打发至硬性发泡，用橡皮刮刀缓慢将打好的蛋白分3次倒入巧克力的混合物中。将慕斯平均地装入4个小碗中，放入冰箱冷藏至少3小时。

2. 哥伦比亚咖啡英式奶油酱：将蛋黄和细砂糖在碗中搅打至发白浓稠。将牛奶和咖啡在平底深锅中慢慢煮沸，将其中1/3倒入蛋黄和细砂糖的混合物中，迅速搅拌均匀。将混合物再次倒入装有剩余牛奶的平底深锅中，小火熬煮并不断用木勺搅拌至奶油酱浓稠并附着于勺背为止（注意勿将奶油酱煮沸）。用漏斗形筛网过滤，放凉后在冰箱中冷藏。

3. 鲜奶油香缇：将鲜奶油和香草精混合，搅拌至略浓稠，加入糖粉后继续打发至凝固并且不会从搅拌器上滴落。将鲜奶油香缇填入装有圆形裱花嘴的裱花袋中。

4. 将鲜奶油香缇挤在巧克力慕斯中心，摆放一片鲜薄荷叶，搭配哥伦比亚咖啡奶油一同食用。

威士忌榛子巧克力慕斯

Mousse au chocolat, aux noisettes et au whisky

▌8~10人份

难易度：★ ☆ ☆
准备时间：30分钟
制作时间：10分钟
冷藏时间：至少3小时

▌原料：

• 去皮压碎的榛子 200克
• 黑巧克力（可可脂含量55%）
  450克
• 无盐黄油 30克
• 细砂糖 200克
• 蛋黄 6个
• 威士忌 85毫升
• 蛋清 6个

装饰

• 巧克力刨花（参考第189页）
  适量

▌做法：

1. 将烤箱预热至180℃。

2. 烤盘内铺烤盘纸，撒榛子碎，放入烤箱烤10分钟，待榛子略上色且散发出香味后取出。

3. 将巧克力切块后放入碗中，与无盐黄油、一半的细砂糖一起隔水加热至融化，期间不要搅拌。将混合物从隔水加热的容器中取出，放入蛋黄、60克榛子碎和威士忌。

4. 将蛋清倒入另碗中打发至略起泡，慢慢倒入剩余1/3的细砂糖，继续将蛋白打发至顺滑光亮，再倒入余下的细砂糖打发至硬性发泡。用橡皮刮刀小心地将打好的蛋白分3次加入巧克力的混合物中。

5. 将慕斯平均地装入8~10个甜点杯中，放入冰箱冷藏至少3小时至慕斯凝固。用剩余的榛子碎和巧克力刨花装饰后即可食用。

杏仁榛子糖膏巧克力慕斯

Mousse au chocolat praliné

▌10人份

难易度：★ ☆ ☆
准备时间：1小时
冷藏时间：至少3小时

▌原料：

杏仁榛子糖膏

- 水 30毫升
- 细砂糖 150克
- 去皮杏仁 75克
- 去皮榛子 75克

黑巧克力慕斯

- 黑巧克力（可可脂含量55%）
  300克
- 鲜奶油 350毫升
- 蛋黄 6个
- 蛋清 6个
- 细砂糖 80克

参考第278页制作杏仁糖膏的
正确方法。

▌做法：

1. 杏仁榛子糖膏：将水和细砂糖放入平底深锅中煮沸，放入去皮的杏仁和榛子，用木勺搅拌，离火后继续搅拌，至杏仁和榛子表面覆盖上一层白色糖霜。将平底深锅再次加热至糖霜焦糖化。将做好的焦糖杏仁榛子在烤盘纸上铺开，放凉后敲成碎块，放入食物加工机中搅碎，至磨成粉末并成膏状（为达到最好的制作效果，搅拌时需不时停下加工机，用橡皮刮刀将粉末混合），然后将杏仁榛子糖膏放入碗中备用。

2. 黑巧克力慕斯：将巧克力切碎后放入碗中，隔水加热至融化，放至微温。将鲜奶油搅打至凝固且不会从搅拌器上滴落，放入蛋黄后在冰箱中冷藏备用。将蛋清打发至略起泡，慢慢倒入1/3的细砂糖，持续搅打至顺滑光亮，再将剩余的细砂糖小心地倒入，继续搅打至硬性发泡。用橡皮刮刀分3次将蛋白加入打发的鲜奶油和蛋黄的混合物中，最后倒入融化的黑巧克力后迅速打发。

3. 用橡皮刮刀将杏仁榛子糖膏拌入巧克力慕斯中，放入冰箱冷藏至少3小时，取出后即可食用。

糖渍橙皮巧克力慕斯
Mousse au chocolat aux zestes d'orange confits

6人份

难易度：★ ☆ ☆
准备时间：45分钟
制作时间：15分钟
冷藏时间：至少3小时

原料：

糖渍橙皮
- 甜橙皮 2个
- 水 100毫升
- 细砂糖 100克

巧克力慕斯
- 黑巧克力 150克
- 鲜奶油 200毫升
- 蛋黄 3个
- 蛋清 3个
- 细砂糖 50克

做法：

1. 糖渍橙皮：将甜橙皮切成细条。将水和细砂糖在平底深锅中煮沸，加入橙皮，小火熬煮15分钟，捞出后沥干备用。

2. 巧克力慕斯：将巧克力切块后放入碗中，隔水加热至融化，放至微温。将鲜奶油打发至凝固且不会从搅拌器上滴落，倒入蛋黄，将混合物放入冰箱冷藏。将蛋清打发至起泡，缓慢加入1/3的细砂糖，持续打发至顺滑光亮，再倒入剩余的细砂糖，打发至硬性发泡，然后倒入打发的鲜奶油和蛋黄的混合物中，再倒入融化的黑巧克力，迅速打发。

3. 预留一些糖渍橙皮作装饰用，将其余的橙皮倒入巧克力慕斯中，搅拌均匀，然后将慕斯放入冰箱冷藏至少3小时。取出后用预留的橙皮装饰后即可食用。

冰点冻饮爽滋味

Saveurs glacées, saveurs à boire

制作英式奶油酱的正确方法

Le bon geste pour faire une crème anglaise

可以根据所选食谱（例如第196页或第208页的冰激凌）中不同的材料制作不同口味的英式奶油酱。

① 将5个蛋黄和125克细砂糖在碗中搅打至发白黏稠。

② 将500毫升牛奶和用刀剖成两半并用刀尖刮掉籽的香草荚放入平底深锅中煮沸，离火。将一部分热香草牛奶倒入蛋黄和细砂糖的混合物中，用木勺迅速搅拌。

③ 将混合物倒回装有剩余香草牛奶的平底深锅中，小火加热，并不断用木勺搅拌至奶油酱浓稠并附着于勺背（注意勿将奶油酱煮沸）。用手指划过沾有奶油酱的木勺勺背，若留下明显的痕迹，则表明奶油酱已经做好，离火，在碗上用漏斗形筛网过滤后，放入装有冰块的容器里冷却，期间不时晃动。

制作泡芙面糊的正确方法

Le bon geste pour préparer une pâte à choux

可以根据所选食谱（例如第210页）中不同的材料调整泡芙面糊的做法。

① 将50克无盐黄油、120毫升水、1/2小匙的盐以及1/2小匙的细砂糖放入平底深锅中加热，融化后离火，倒入75克过筛面粉，用木勺搅拌为光滑的面糊。将平底深锅再次加热，烘干面糊，不停搅拌以免粘在锅的四周和底部，用木勺将面糊从四周向内形成面团，至平底锅四壁和底部没有面糊粘附、光滑。

② 将面团取出后放入碗中，放置5~10分钟，待凉。分别磕入3个鸡蛋，每磕入一个充分搅拌均匀后再磕入下一个。另碗磕入1个鸡蛋打散，将一半蛋液倒入面糊中后持续搅拌，尽量将空气混入，至面糊变得顺滑光亮。

③ 检验面糊是否能使用的方法：用木勺舀起一些面糊后抬高，若面糊滴落时形成V字形，表示面糊已经可以使用，否则需要再加入剩余的蛋液继续搅拌，然后再用上述方法检验。

塑造梭形的正确方法

Le bon geste pour former des quenelles

可以根据所选食谱（例如第198页、第202页或第213页）中塑造梭形冰激凌。

1 将两个汤匙泡在一杯热水中，将材料和船形容器或已烤好的船形面壳准备好。

2 用两个汤匙配合塑型。用其中一个汤匙舀一勺冰激凌，放入另一个汤匙，重复此步骤数次后便可得到表面光滑且呈橄榄状的梭形。

3 用一个汤匙将已塑型的冰激凌放入事先准备好的船形面壳或容器中。

制作巧克力刨花的正确方法

Le bon geste pour réaliser des copeaux de chocolat

巧克力刨花是装饰甜品的理想选择，如果要装饰像第192页的甜品，需要200克巧克力并有以下两种方法可供选择。

① 方法一：将一大块巧克力的光滑面朝上，放在一张烤盘纸上，用吹风机加热巧克力表面使其软化，关掉吹风机后在室温下放凉约2分钟。将大块巧克力竖起后略倾斜，用削皮刀轻刮巧克力，便可呈现较短的巧克力刨花，冷藏备用。

② 方法二（专业制法）：将巧克力调温（参考第279页的具体做法），然后倒在大理石操作台面、玻璃纸或巧克力专用纸上，用抹刀涂抹开后小心地整平，放凉。

③ 用一把较长的刀，将刀身倾斜，刮下冷却的巧克力，形成长形的巧克力刨花，冷藏备用。

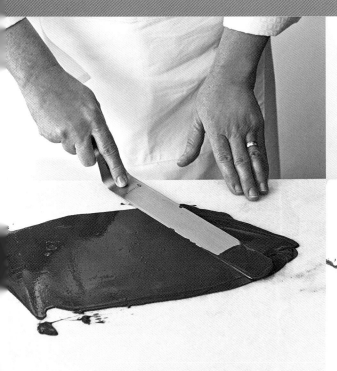

黑巧克力冰激凌木柴蛋糕

Bûche glacée au chocolat noir

▌12人份

难易度：★★★
准备时间：1小时15分钟
制作时间：12分钟
冷冻时间：3小时

▌原料：

特浓黑巧克力海绵蛋糕
- 特浓黑巧克力（可可脂含量 70%）100克
- 室温回软的无盐黄油 100克
- 蛋黄 4个
- 蛋清 4个
- 细砂糖 40克
- 面粉 50克

巧克力糖浆
- 水 70毫升
- 细砂糖 75克
- 无糖可可粉 10克

黑巧克力冻糕
- 黑巧克力 100克
- 鲜奶油 300毫升
- 蛋黄 5个
- 水 40毫升
- 细砂糖 45克

巧克力鲜奶油香缇
- 黑巧克力 100克
- 鲜奶油 200毫升
- 糖粉 20克

巧克力碎片
- 黑巧克力 250克

▌做法：

1. 将烤箱预热至180℃，烤盘中铺一张烤盘纸。

2. **特浓黑巧克力海绵蛋糕**：将黑巧克力切碎后放入碗中，隔水加热至融化，将巧克力从隔水加热的容器中取出，放入室温回软的无盐黄油和蛋黄。将蛋清、细砂糖打发至硬性发泡，再缓慢倒入巧克力的混合物中，加入面粉搅拌均匀。将面糊在烤盘上铺开约1厘米厚，放入烤箱烤12分钟。

3. **巧克力糖浆**：将水、细砂糖在平底深锅中煮沸，放入可可粉，混合均匀后放凉备用。

4. **黑巧克力冻糕**：将巧克力切碎后放入碗中，隔水加热至融化。将鲜奶油打发至凝固且不会从搅拌器上滴落，放入冰箱冷藏备用。将蛋黄搅打至发白。将水、细砂糖煮沸后继续熬煮2分钟。将煮好的糖浆倒入蛋黄后持续搅打至浓稠，冷却后用橡皮刮刀慢慢地混入巧克力和打发的鲜奶油中。

5. 将冻糕放入长35厘米的长形模具约1/3处。将烤好的特浓黑巧克力海绵蛋糕分别切成长35厘米、宽3厘米和长35厘米、宽5厘米的长条。将3厘米宽的蛋糕放在巧克力冻糕上，用巧克力糖浆浸透，再铺上剩余的巧克力冻糕。将5厘米的蛋糕刷匀糖浆，将有糖浆的一面放在巧克力冻糕上。将模具放入冰箱冷冻3小时。

6. **巧克力鲜奶油香缇**：将巧克力切碎后放入碗中，隔水加热至融化。将鲜奶油打发至浓稠，加入糖粉后持续搅拌至凝固且不会从搅拌器上滴落，倒入巧克力中。将混合物填入装有星形裱花嘴的裱花袋中，放入冰箱冷藏。

7. **巧克力碎片**：将黑巧克力调温（具体做法参考第279页）。将巧克力铺在盖有烤盘纸的烤盘中，放入冰箱冷藏。待巧克力凝固时从冰箱取出，室温下待巧克力回软后，敲成大块的巧克力碎片。

8. 用开水浸泡冷冻后的模具，脱模。用巧克力鲜奶油香缇挤出玫瑰花饰，上面插巧克力碎片即可。

列日巧克力
Chocolat liégeois

▌8人份

难易度：★ ☆ ☆
准备时间：45分钟
冰激凌机制作时间：30分钟

▌原料：

巧克力冰激凌

- 黑巧克力（可可脂含量55%~70%）120克
- 烹饪用可可块 30克
- 蛋黄 6个
- 细砂糖 100克
- 牛奶 500毫升

巧克力酱

- 黑巧克力 250克
- 牛奶 150毫升
- 鲜奶油 120毫升

鲜奶油香缇

- 鲜奶油 400毫升
- 糖粉 40克

装饰

- 巧克力刨花（具体做法参考第189页）适量

▌做法：

1. 巧克力冰激凌：将巧克力和可可块切细碎后放入大碗中。另碗将蛋黄、细砂糖搅打至发白浓稠。将牛奶在平底深锅中煮沸，将1/3的热牛奶倒入蛋黄、细砂糖的混合物中快速搅拌。将混合物再次倒回装有剩余牛奶的平底深锅中，小火加热并不断用木勺搅拌至变稠并附着于勺背（注意勿将奶油酱煮沸）。将做好的奶油酱倒在巧克力和可可碎上，在碗上用漏斗形筛网过滤后，放入装满冰块的容器里降温冷却，然后倒入冰激凌机中搅拌30分钟，放入冰箱冷冻备用。

2. 巧克力酱：将黑巧克力切细碎后放入碗中。将牛奶和鲜奶油在平底深锅中煮沸，浇在黑巧克力碎上，用橡皮刮刀搅拌均匀。

3. 鲜奶油香缇：将鲜奶油打发至浓稠，放入糖粉后持续打发至凝固并且不会从搅拌器上滴落，填入装有星形裱花嘴的裱花袋中备用。

4. 取8只玻璃杯，分别放入3个巧克力冰激凌圆球，顶部挤一朵鲜奶油香缇玫瑰花，淋巧克力酱后用巧克力刨花做最后的装饰即可。

> **大厨小贴士**
> 如果没有烹饪用的可可块，可以使用可可脂含量较高，例如72%的黑巧克力代替。

巧克力冰激凌
Crème glacée au chocolat

8人份

难易度：★ ☆ ☆
准备时间：30分钟
冰激凌机制作时间：30分钟

原料：

巧克力冰激凌
- 黑巧克力（可可脂含量55%~70%）120克
- 烹饪用可可块 30克
- 蛋黄 6个
- 细砂糖 100克
- 牛奶 500毫升

巧克力酱
- 黑巧克力 250克
- 牛奶 150毫升
- 鲜奶油 120毫升

做法：

1. 巧克力冰激凌：将巧克力和可可块切细碎后放入大碗中。另碗将蛋黄和一半的细砂糖搅打至发白浓稠。将牛奶和剩余的细砂糖在平底深锅中煮沸，将1/3的热甜牛奶倒入蛋黄和细砂糖的混合物中快速搅拌。将混合物再次倒回装有剩余牛奶的平底深锅中，小火加热并不断用木勺搅拌至变稠并附着于勺背（注意勿将奶油酱煮沸）。将做好的奶油酱倒在巧克力和可可碎上搅拌均匀，在碗上用漏斗形筛网过滤后，放入装满冰块的容器里降温冷却，然后倒入冰激凌机中搅拌30分钟，放入冰箱冷冻备用。

2. 将8个盛冰激凌的小碗放入冰箱冷藏。

3. 巧克力酱：将黑巧克力切细碎后放入碗中。将牛奶和鲜奶油在平底深锅中煮沸，浇在黑巧克力碎上，用橡皮刮刀搅拌均匀。

4. 在冷藏后的小碗中分别放入三四个巧克力冰激凌球，淋热巧克力酱即可食用。

大厨小贴士

如果没有烹饪用的可可块，可以使用可可脂含量较高，例如72%的黑巧克力代替。

巧克力冰激凌配热咖啡萨芭雍
Crème glacée au chocolat,sabayon chaud au café

▌4人份

难易度：★★★
准备时间：1小时30分钟
制作时间：8分钟
冰激凌机制作时间：30分钟

▌原料：

巧克力冰激凌
- 黑巧克力（可可脂含量55%~ 70%）120克
- 烹饪用可可块 30克
- 蛋黄 6个
- 细砂糖 100克
- 牛奶 500毫升

指形海绵蛋糕
- 蛋清 3个
- 细砂糖 75克
- 蛋黄 3个
- 面粉 75克

咖啡糖浆
- 水 50毫升
- 细砂糖 50克
- 朗姆酒 2大匙
- 咖啡利口酒 1大匙

热咖啡萨芭雍
- 蛋黄 4个
- 细砂糖 100克
- 速溶咖啡粉 8克
- 水 100毫升
- 咖啡利口酒 1小匙

- 鲜奶油香缇 100毫升
- 无糖可可粉适量

▌做法：

1. 巧克力冰激凌：将巧克力和可可块切细碎后放入大碗中。另碗将蛋黄和一半的细砂糖搅打至发白浓稠。将牛奶和剩余的细砂糖在平底深锅中煮沸，将1/3的热甜牛奶倒入蛋黄和细砂糖的混合物中快速搅拌。将混合物再次倒回装有剩余牛奶的平底深锅中，小火加热并不断用木勺搅拌，至变稠并附着于勺背（注意勿将奶油酱煮沸）。将做好的奶油酱倒在巧克力和可可碎上搅拌均匀，在碗上用漏斗形筛网过滤后，放入装满冰块的容器里降温冷却，再倒入冰激凌机中搅拌30分钟，放入冰箱冷冻备用。

2. 指形海绵蛋糕：将烤箱预热至180℃，在烤盘纸上画出4个直径8厘米的圆圈，将纸翻面后铺在烤盘上。将蛋清打发至略微起泡，慢慢加入1/3的细砂糖继续搅拌，再倒入剩余的细砂糖打发至硬性发泡，放入蛋黄和面粉。将面糊填入装有圆形裱花嘴的裱花袋中，在烤盘上依据预先画好的轮廓从中心向外螺旋状挤出4个圆饼，放入烤箱烤8分钟后取出备用。

3. 咖啡糖浆：将水、细砂糖在平底深锅中煮沸，放凉后倒入朗姆酒和咖啡利口酒。

4. 热咖啡萨芭雍：将蛋黄、细砂糖倒入碗中，在隔水加热的容器中搅打至发泡，倒入加水溶解后的速溶咖啡，持续搅拌至混合物发白并呈现明显的纹路，抬起搅拌器，混合物滴落时能够不断呈现连续的缎带状，加入咖啡利口酒。在4个餐盘中分别摆放直径10厘米的慕斯模，放上浸过咖啡糖浆的指形海绵蛋糕，再用冰激凌填满。脱模，将鲜奶油香缇填入装有星形裱花嘴的裱花袋中，在冰激凌上挤出花纹装饰，淋热咖啡萨芭雍、撒可可粉即可食用。

冰火二重奏之香草冰激凌浸热巧克力酱配酥脆香料饼干
Duo chocolat chaud-glace vanille et croquants aux épices

8人份

难易度：★★☆
准备时间：1小时30分钟
冷藏时间：1个晚上
冰激凌机制作时间：30分钟
制作时间：20分钟

原料：

酥脆香料饼干
- 细砂糖 100克
- 黄砂糖 25克
- 面粉 200克
- 无盐黄油 100克
- 盐 1小撮
- 泡打粉 1/2小匙
- 肉豆蔻粉 2小撮
- 肉桂粉 1/2小匙
- 牛奶 20毫升
- 鸡蛋 1个

香草冰激凌
- 蛋黄 5个
- 细砂糖 125克
- 牛奶 500毫升
- 香草荚 1根
- 鲜奶油 50毫升

热巧克力酱
- 黑巧克力 250克
- 杏仁糖膏 50克（具体做法参考第278页）
- 牛奶 500毫升
- 鲜奶油 200毫升

做法：

1. 前一晚制作酥脆香料饼干：将细砂糖、黄砂糖、面粉和无盐黄油放入碗中混合至碎屑状，放入盐、泡打粉、肉豆蔻粉和肉桂粉，加入牛奶和鸡蛋混合均匀，但不要过度搅拌揉捏，然后盖上保鲜膜，放入冰箱冷藏过夜。

2. 当天制作香草冰激凌：将蛋黄和一半的细砂糖混合搅拌至发白浓稠。将牛奶、剩余的细砂糖和用刀剖成两半并用刀尖刮掉籽的香草荚放入平底深锅中煮沸。将1/3的香草甜牛奶倒入蛋黄和细砂糖的混合物中迅速打发，再将打发的混合物倒回装有剩余牛奶的平底深锅中，小火熬煮，不断用木勺搅拌至奶油酱浓稠并附着于勺背（注意勿将奶油酱煮沸）。将鲜奶油倒入奶油酱中，在碗上用漏斗形筛网过滤英式奶油酱，放入装满冰的容器中，让奶油酱降温冷却。将奶油酱倒入冰激凌机中搅拌30分钟后，放入冰箱冷冻备用。

3. 将烤箱预热至175℃，烤盘上铺一张烤盘纸。将香料饼干面糊用擀面杖擀开，切成长10厘米、宽2厘米的细长条，摆放于烤盘中，放入烤箱烤20分钟后取出，在网架上放凉。

4. 热巧克力酱：将黑巧克力和杏仁糖膏粗切碎后放入碗中，将牛奶和鲜奶油倒入平底深锅中，煮沸后倒入巧克力和杏仁糖膏中快速搅拌，再用漏斗形筛网过滤。

5. 将8个宽边汤盘中各放入1大汤匙做好的热巧克力酱，用两个大汤匙将香草冰激凌塑成梭形，每个盘子中摆放两个，将烤好的香料饼干放在盘子的宽边上，即可食用。

白巧克力茴香冰激凌配焦糖胡桃

Glace au chocolat blanc anisé et aux noix de pécan caramélisées

▎8人份

难易度：★ ☆ ☆

准备时间：35分钟

冰激凌机制作时间：30分钟

冷冻时间：4小时

▎原料：

焦糖胡桃

- 细砂糖 50克
- 胡桃 160克
- 无盐黄油 15克

茴香白巧克力冰激凌

- 白巧克力 150克
- 蛋黄 6个
- 细砂糖 100克
- 牛奶 500毫升
- 茴香酒 1/2小匙

参考第188页塑造梭形的正确方法。

▎做法：

1. 焦糖胡桃：将细砂糖倒入平底深锅中加热，当糖刚刚开始融化时，放入胡桃一起加热一二分钟，期间不断用木勺搅拌，再放入无盐黄油，备用。

2. 白巧克力茴香冰激凌：将白巧克力切细碎后放入大碗中。将蛋黄和一半的细砂糖放入另一只碗中搅打至发白浓稠。将牛奶、剩余的细砂糖倒入平底锅中煮沸，将1/3煮沸的甜牛奶倒入蛋黄和细砂糖的混合物中后迅速搅拌均匀。将混合物倒回装有剩余牛奶的平底深锅中，小火熬煮，并用木勺不断搅拌至浓稠并附着于勺背（注意勿将奶油酱煮沸），在碗上用漏斗形筛网过滤后，放入装满冰的容器中降温，期间不时晃动。待冷却后倒入茴香酒，并将混合物放入冰激凌机中搅拌30分钟，再倒入一半的焦糖胡桃，放入冰箱冷冻备用。

3. 准备8个汤盘，用两个大汤匙将冰激凌塑成梭形，每个盘子中摆放3个，用剩余的焦糖胡桃作装饰后即可。

白巧克力冰岛浸草莓冷汤

Fraîcheur chocolat blanc des îles et sa soupe de fraises

▌8人份

难易度：★ ☆ ☆
准备时间：30分钟
浸泡时间：30分钟
冷藏时间：6小时30分钟

▌原料：

白巧克力冰岛

• 白巧克力 150克
• 鲜榨百香果汁 150毫升
• 椰奶 250毫升
• 香草荚 1根

草莓冷汤

• 香茅 2根
• 草莓 700克

装饰

• 香草荚适量

参考第188页塑造梭形的正确
方法。

▌做法：

1. 白巧克力冰岛：将白巧克力切碎后放入碗中。将鲜榨百香果汁、椰奶和用刀剖成两半并用刀尖刮掉籽的香草荚放入平底深锅中煮沸，离火后浸泡30分钟。捞出香草荚，洗净后留作装饰用。将煮沸的百香果香草椰奶倒入巧克力碎中混合均匀，待冷却后放入冰箱冷藏6小时。

2. 草莓冷汤：将香茅和200克草莓粗切碎，用食物加工机搅碎，在碗中用漏斗形筛网过滤。将剩余的草莓去蒂，将每个草莓切成4块，放入香茅草莓汁中，在冰箱冷藏中30分钟至完全冷却。

3. 将草莓汤平均分装在8个小碗内，用两个大汤匙将白巧克力冰岛做成梭形，每个小碗内摆放4个，最后用香草荚作装饰即可。

巧克力冰沙
Granité au chocolat

■ 4人份

难易度：★ ☆ ☆
准备时间：10分钟
冷冻时间：2小时

■ 原料：
• 黑巧克力 50克
• 水 200毫升
• 细砂糖 40克

■ 做法：

1. 将巧克力切碎后放入碗中。将水和细砂糖在平底深锅中加热至细砂糖完全溶解，然后倒入巧克力碎中，搅拌均匀。

2. 将混合物倒入一个大盘中，厚度最多不超过1厘米，放入冰箱冷冻2小时，期间用叉子不时搅拌混合物，在半结冰状态时，将已经出现的结晶略压碎。

3. 2小时后，将做好的冰沙分别装入4个无柄马克杯或玻璃杯中，即可食用。

冻巧克力牛轧糖慕斯
Nougat glacé au chocolat

■ 6人份

难易度：★★★
准备时间：45分钟
制作时间：5分钟
冷冻时间：1小时

■ 原料：

牛轧糖
- 杏仁片 70克
- 细砂糖 95克

法式蛋白霜
- 蛋清 2个
- 细砂糖 125克
- 黑巧克力（可可脂含量66%）85克
- 鲜奶油 250毫升
- 切碎的糖渍水果 75克
- 樱桃酒 1大匙
- 鲜奶油香缇 200毫升
- 阿玛蕾娜酸樱桃适量

■ 做法：

1. 将烤箱预热至150℃，烤盘内铺烤盘纸。

2. 牛轧糖：将杏仁片放在烤盘上，在烤箱烤5分钟，待杏仁略微上色后取出备用。将细砂糖放入锅中，熬煮约10分钟至金黄色的焦糖（烹饪温度计显示为170℃）。加入烤好的杏仁片轻轻混合，将热牛轧糖倒在重新铺上烤盘纸的烤盘中，上面再放一张烤盘纸，用擀面杖将其擀压成约2毫米厚，放凉，用干净的茶巾包裹后将牛轧糖敲碎。

3. 法式蛋白霜：将蛋清搅打至略起泡，慢慢加入1/3的细砂糖，继续搅打至顺滑光亮，再倒入剩余的细砂糖，持续打发至硬性发泡，搅拌器挑起后蛋白呈直立尖角状，放入冰箱冷藏备用。

4. 将巧克力切碎后放入碗中，隔水加热至融化。将鲜奶油打发至凝固且不会从搅拌器上滴落，慢慢地将其倒入融化的巧克力中。将巧克力鲜奶油分3次与法式蛋白霜混合，然后加入敲碎的牛轧糖、糖渍水果碎和樱桃酒。将所有的材料倒入长22厘米、高5厘米的长形模具中，放入冰箱冷冻1小时。

5. 将模具浸入开水后脱模。将冻巧克力牛轧糖慕斯切6片，分别摆入盘中，将鲜奶油香缇填入装有星形裱花嘴的裱花袋中，在慕斯上挤出玫瑰花饰，再摆放一颗阿玛蕾娜酸樱桃即可食用。

大厨小贴士 如果没有阿玛蕾娜酸樱桃，可以使用糖渍的酸味樱桃代替，这款甜品还可以搭配酸樱桃酱一同食用。

巧克力冰激凌冻糕配香橙罗勒酱

Parfait glacé au chocolat, crème d'orange au basilic

▌ 6人份

难易度： ★★☆

准备时间： 1小时15分钟

冷冻时间： 2小时

▌ 原料：

黑巧克力冰激凌冻糕
- 黑巧克力 100克
- 鲜奶油 300毫升
- 蛋黄 5个
- 水 50毫升
- 细砂糖 45克

香橙罗勒酱
- 罗勒 1小把
- 蛋黄 4个
- 细砂糖 90克
- 橙汁 350毫升

柑橘类水果
- 香橙 2个
- 葡萄柚 1个

装饰
- 小片罗勒叶适量

▌ 做法：

1. 黑巧克力冰激凌冻糕：将巧克力切碎后放入碗中。将鲜奶油打发至凝固且不会从搅拌器上滴落，放入冰箱冷藏。将蛋黄在另碗中搅打至浅黄色。将水、细砂糖在平底深锅中煮沸后继续熬煮2分钟，再慢慢地将熬好的糖浆倒入蛋黄中，持续搅拌至混合物浓稠冷却，用橡皮刮刀一点点将已融化的巧克力拌入，再放入打发的鲜奶油。将混合好的材料倒入长18厘米、高7厘米的长形陶瓷模具中，放入冰箱冷冻2小时。

2. 香橙罗勒酱：将罗勒洗净后晾干。将蛋黄和细砂糖在碗中搅打至发白浓稠。将橙汁和罗勒在平底深锅中煮沸，再将其中1/3倒入蛋黄和细砂糖的混合物中，快速搅拌，混合充分后再次倒回装有剩余罗勒橙汁的平底深锅中小火熬煮，并不断用木勺搅拌，至浓稠并附着于勺背上（注意勿煮沸），用漏斗形筛网过滤，放凉后在冰箱中冷藏备用。

3. 柑橘类水果：用锋利的刀去除香橙和葡萄柚的外皮，沿着水果的轮廓削去果皮和果肉之间的白色筋络，将果肉切成四块，将刀插入一侧薄膜和果肉中，再重复同样的动作将刀插入另一侧，即可将果肉取出。

4. 将巧克力冰激凌冻糕从冰箱中取出，用潮湿的热茶巾包裹模具后脱模。将冻糕切成厚片，在6个小碗的碗底分别铺上香橙罗勒酱，摆上一片冻糕和几片香橙和葡萄柚，最后用小片罗勒叶装饰即可。

糖渍蜜梨配巧克力酱香草冰激凌
Poires Belle-Hélène

▌6人份

难易度： ★☆☆
准备时间： 1小时
冷藏时间： 2小时
冰激凌机制作时间： 30分钟

▌原料：

糖渍蜜梨
- 小个香梨 6个
- 柠檬 1/2个
- 水 700毫升
- 细砂糖 250克
- 香草荚 1/2根

香草冰激凌
- 蛋黄 5个
- 细砂糖 125克
- 牛奶 500毫升
- 香草荚 1根
- 鲜奶油 50毫升

巧克力酱
- 巧克力 135克
- 无盐黄油 15克
- 浓奶油 150毫升

▌做法：

1. 糖渍蜜梨：将香梨去皮，切成两半，挖去果核；用柠檬涂抹香梨避免果肉氧化变黑。将水、细砂糖和用刀尖刮掉籽的半根香草荚放入平底深锅中煮沸，再放入香梨继续炖煮20分钟，至香梨变软。将梨和糖浆倒入碗中，放入冰箱冷藏2小时。

2. 香草冰激凌：将蛋黄和一半的细砂糖在碗中搅打至发白浓稠。将牛奶、剩余的细砂糖和用刀剖成两半并用刀尖刮掉籽的香草荚放入平底深锅中煮沸。将1/3的香草甜牛奶倒入蛋黄和细砂糖的混合物中迅速搅拌，再倒入装有剩余牛奶的平底深锅中，用小火熬煮，并不断用木勺搅拌至浓稠并附着于勺背（注意勿将奶油酱煮沸）。倒入鲜奶油，并在碗上用漏斗形筛网过滤，放入装满冰的容器中降温冷却。将混合物放入冰激凌机中搅拌30分钟，放入冰箱冷冻备用。

3. 巧克力酱：将巧克力切细碎，和无盐黄油、浓奶油一起放入碗中隔水加热至融化。

4. 在6个矮脚冰激凌杯中分别放上1个香草冰激凌球和2个切半的糖渍蜜梨，淋温热的巧克力酱即可食用。

香草冰激凌迷你泡芙淋热巧克力酱

Profiteroles glacées, sauce au chocolat

▌6人份

难易度：★★☆
准备时间：45分钟
制作时间：25分钟

▌原料：

泡芙
- 无盐黄油 50克
- 水 120毫升
- 盐 1/2小匙
- 细砂糖 1/2小匙
- 过筛的面粉 75克
- 鸡蛋 4个
- 打散的鸡蛋 1个

巧克力酱
- 黑巧克力 100克
- 牛奶 60毫升
- 无盐黄油 50克

配料
- 香草冰激凌 1/2升

参考第187页制作泡芙面糊的
正确方法。

▌做法：

1. 将烤箱预热至180℃，烤盘中刷匀黄油。

2. 泡芙：将无盐黄油、水、盐和细砂糖在平底深锅中加热至融化，煮沸后立即离火，一次性放入过筛面粉，用木勺搅拌至面糊光滑。将装有面糊的锅放在火上烘干，并不断搅拌避免面糊附着于内壁，慢慢形成面团。将做好的面团放入碗中，放凉5分钟。

3. 将3个鸡蛋一个一个地放入做好的面团，用木勺持续并用力搅拌，尽量混入空气。另碗将剩下的1个鸡蛋打散，将一半的蛋液倒入面糊中，持续搅拌至顺滑光亮。用木勺舀起面糊并抬高，待面糊形成"V"字形状滴落时，表示面糊已经做好，若还没有达到此标准，则需要将剩余的蛋液加入搅拌至符合要求。

4. 用木勺或者装有圆形裱花嘴的裱花袋在烤盘上挤出直径二三厘米的小球，刷匀蛋液，放入烤箱烤15分钟，且紧闭烤箱门。将烤箱温度降低至165℃，继续烤10分钟，至面糊鼓起并呈金黄色。轻拍泡芙若发出中空的声音，则表示已经烤好，取出后放在网架上放凉。

5. 热巧克力酱：将巧克力切细碎后放入碗中。将牛奶烧开，离火后倒入巧克力碎中，搅拌均匀后加入无盐黄油，注意保持巧克力的温度。

6. 将泡芙横切成两半，在中间放入一勺香草冰激凌，盖上另一半泡芙后淋上热巧克力酱即可。

松露巧克力冰激凌
Truffes glacées

▌12人份

难易度：★ ☆ ☆
准备时间：30分钟
冷冻时间：1小时30分钟

▌原料：

• 巧克力冰激凌 250毫升

巧克力脆皮

• 黑巧克力 250克
• 鲜奶油 250毫升
• 细砂糖 45克
• 过筛的无糖可可粉适量

大厨小贴士

没有裹匀可可粉的松露巧克力冰激凌可以装在密封较好的盒子中在冰箱冷冻保存15天，若要食用，只需取出后裹上可可粉即可。需要注意的是，包裹巧克力脆皮的时候，巧克力淋酱要完全冷却，避免冰激凌遇热融化。巧克力淋酱同样也不能温度过低，以免包裹太厚影响口感。

▌做法：

1. 烤盘中铺一张烤盘纸，放入冰箱冷冻。

2. 用大汤匙制作12个巧克力冰激凌球，放在提前冷冻的烤盘纸上，再放入冰箱冷冻1小时。

3. 巧克力脆皮：将黑巧克力切碎后放入碗中。将鲜奶油和细砂糖放入平底深锅中加热，至细砂糖完全溶解后倒入巧克力碎中，搅拌至巧克力融化，继续搅拌10分钟至巧克力淋酱冷却。

4. 将过筛的可可粉撒在盘底较深的餐盘中。待巧克力球变硬时，将其一个个先用巧克力淋酱裹匀，然后放入可可粉中滚一圈，均匀地裹一层可可粉，将做好的巧克力球放入冰箱至少30分钟，取出后即可食用。

巧克力雪葩配红色水果酱

Sorbet au chocolat sur coulis de fruits rouges

▮ 8人份

难易度：★☆☆

准备时间：30分钟

冰淇淋机制作时间：20分钟

冷藏时间：10分钟

▮ 原料：

巧克力雪葩

- 黑巧克力 200克
- 无糖可可粉 80克
- 水 500毫升
- 细砂糖 120克

红色果酱

- 覆盆子（或其他红色水果）
  200克
- 柠檬汁 几滴
- 糖粉 30克

装饰（根据个人喜好）

- 新鲜覆盆子适量

参考第188页塑造梭形的正确
方法。

**大厨
小贴士**

可以用速冻的红色浆
果制作水果酱。

▮ 做法：

1. 巧克力雪葩：将巧克力切细碎后放入碗中。将可可粉和1/4的水
   倒入平底深锅中搅拌均匀，再加入剩余的水和细砂糖煮沸。将煮
   沸的混合物倒入巧克力碎中搅拌均匀，再将混合物用漏斗形筛网
   过滤，放凉后倒入冰激凌机中搅拌20分钟，然后放入冰箱冷冻
   备用。

2. 红色水果酱：将红色水果倒入食物加工机，再滴几滴柠檬汁，
   根据个人口味加入适量糖粉，将搅拌后的水果酱用漏斗形筛网过
   滤，放入冰箱冷藏10分钟。

3. 在8个小碗的碗底分别铺上一层红色水果酱，用两个大汤匙将巧
   克力雪葩塑成梭形，每个碗里放一个，再用几颗新鲜的覆盆子装
   饰即可。

冰巧克力舒芙蕾
Soufflés glacés tout chocolat

▌4人份

难易度：★★☆
准备时间：30分钟
冷冻时间：6小时
冷藏时间：15分钟

▌原料：

巧克力奶油酱
- 黑巧克力 300克
- 蛋黄 7个
- 细砂糖 225克
- 牛奶 250毫升
- 鲜奶油 400毫升

法式蛋白霜
- 蛋清 4个
- 细砂糖 80克

装饰
- 糖粉适量

▌做法：

1. 用两条约高出模具3厘米的烤盘纸，将4个直径为8厘米的舒芙蕾陶瓷模具围起并加高，用胶带固定。

2. 巧克力奶油酱：将巧克力切细碎后放入碗中，隔水加热至融化。将蛋黄和细砂糖在碗中搅打至发白浓稠。将牛奶在平底深锅中煮沸，将1/3的热牛奶倒入蛋黄和细砂糖的混合物中快速搅拌。将所有材料再次倒回装有剩余牛奶的平底深锅中小火熬煮，不断用木勺搅拌至浓稠并附着于勺背（注意勿将奶油酱煮沸）。在碗中用漏斗形筛网过滤，与融化的巧克力混合，放凉。将鲜奶油打发至凝固且不会从搅拌器上滴落，慢慢地倒入巧克力的混合物中。

3. 将巧克力奶油酱分别装入4个舒芙蕾模具中，填至加高的烤盘纸边缘，需预留出约0.5厘米的空间给法式蛋白霜，然后放入冰箱冷冻6小时。

4. 法式蛋白霜：将蛋清打发至略起泡，慢慢加入1/3的细砂糖，继续打发至顺滑光亮，再小心地倒入剩余的细砂糖，搅打至蛋白凝固并且抬起搅拌器时尖角呈下垂状。

5. 将冰冻舒芙蕾从冰箱中取出，填上一层厚度约0.5厘米的法式蛋白霜。将锯齿刀过热水，在蛋白霜表面划出波纹图案，再放入冰箱冷藏15分钟，至蛋白霜变硬。

6. 用烤箱的最高温度预热烤架。

7. 将舒芙蕾放在烤架下数秒至蛋白霜略上色即可，取下周围的烤盘纸，撒糖粉后即可食用。

拿破仑三色慕斯冰糕
Tranche napolitaine

8人份

难易度：★ ★ ☆
准备时间：45分钟
冷冻时间：3小时

原料：

白巧克力慕斯
- 白巧克力 50克
- 明胶 1片
- 鲜奶油 150毫升
- 细砂糖 20克
- 水 20毫升

牛奶巧克力慕斯
- 牛奶巧克力 50克
- 明胶 1片
- 鲜奶油 150毫升
- 细砂糖 20克
- 水 20毫升

黑巧克力慕斯
- 鲜奶油 150毫升
- 黑巧克力 60克

做法：

1. 白巧克力慕斯：将白巧克力切碎后放入碗中，隔水加热至融化。将明胶用冷水浸软。将鲜奶油打发至凝固且不会从搅拌器上滴落，放入冰箱冷藏备用。将水和细砂糖在平底深锅中以小火加热至细砂糖溶解，煮沸后加入尽量挤干水分的明胶。将混合物倒入融化的白巧克力中，迅速搅拌均匀，再慢慢倒入打发的鲜奶油。将材料倒入长25厘米、高10厘米的长形陶瓷模具中，用橡皮抹刀将表面整平后放入冰箱冷冻备用。

2. 牛奶巧克力慕斯：步骤方法同上，只需使用牛奶巧克力即可。将白巧克力慕斯从冰箱中取出，将做好的牛奶巧克力慕斯铺在上面，用橡皮抹刀将表面整平后再放入冰箱冷冻。

3. 黑巧克力慕斯：将鲜奶油打发至凝固且不会从搅拌器上滴落，放入冰箱冷藏备用。将黑巧克力切细碎后放入碗中，隔水加热至融化，慢慢地用橡皮刮刀缓慢与打发的鲜奶油混合。

4. 将模具从冰箱中取出，将黑巧克力慕斯铺在最上面，用橡皮刮刀整平后放入冰箱继续冷冻3小时。

5. 将三色慕斯冰糕从冰箱中取出，切片后即可食用。也可以将模具浸泡在开水中数秒，将整个冰糕在餐盘上脱模。

冰冻黑巧克力奶油酱配糖煮杏子和盐之花烤面屑

Verrines glacées au chocolat noir, compote d'abricot et crumble à la fleur de sel

▌ **10人份**

难易度：★★☆

准备时间：45分钟

冷冻时间：30分钟

制作时间：20分钟

▌ **原料：**

黑巧克力奶油酱
- 黑巧克力 80克
- 鲜奶油 200毫升
- 蛋黄 3个
- 细砂糖 20克

盐之花烤面屑
- 无盐黄油 50克
- 细砂糖 50克
- 面粉 50克
- 泡打粉 1小撮
- 杏仁粉 50克
- 盐之花适量

糖煮杏子
- 无盐黄油 20克
- 细砂糖 40克
- 浸泡于糖浆中的切半杏子 12块
- 香草精 1~2滴

装饰
- 糖粉适量

▌ **做法：**

1. 黑巧克力奶油酱：将黑巧克力切碎后放入碗中。将鲜奶油在平底深锅中煮沸。另碗将蛋黄和细砂糖搅打至发白浓稠，将1/3的蛋液倒在热奶油上快速搅拌，将混合物倒回装有剩余热奶油的平底深锅中小火熬煮，并用木勺不断搅拌至浓稠并附着于勺背（注意勿将奶油酱煮沸）。在盛有巧克力碎的碗上用漏斗形筛网过滤奶油酱，搅拌均匀。

2. 将黑巧克力奶油酱分别装入10个小玻璃杯中，每个杯子填入约2厘米厚，放入冰箱冷冻30分钟。

3. 将烤箱预热至165℃，烤盘中铺一张烤盘纸。

4. 盐之花烤面屑：将烤面屑的所有材料倒入大碗中混合至碎屑状，再倒入烤盘中，放入烤箱烤20分钟，取出后放至微温，将大的面块压碎成小块后备用。

5. 糖煮杏子：将无盐黄油和细砂糖在平底深锅中以小火加热，放入杏子、倒入100毫升浸泡杏子的糖浆，滴入香草精，继续熬煮成浓稠的糖煮杏子，离火后放凉备用。

6. 将玻璃杯从冰箱中取出，每个杯子中填入约2厘米厚的冷却糖煮杏子，再放入盐之花烤面屑，撒糖粉装饰后即可食用。

热巧克力
Chocolat chaud

6人份

难易度：★ ☆ ☆

准备时间：15分钟

原料：

• 牛奶 1升

• 浓奶油 250毫升

• 黑巧克力 120克

• 肉桂粉 1小匙

• 黑胡椒 1粒

• 细砂糖 2大匙

大厨小贴士

可以将混合好的材料放入冰箱冷藏数小时，甚至可以冷藏3天以上，若食用前再次加热，热巧克力的味道会更加浓郁美味；还可以放入棉花糖作为装饰。

做法：

1. 将牛奶和浓奶油在平底深锅中慢慢加热至沸腾。

2. 将黑巧克力切碎，和肉桂粉、黑胡椒粒、细砂糖一起放入平底深锅中，继续加热约10分钟，且不时用木勺搅拌。

3. 将熬煮好的热巧克力用漏斗形筛网过滤，再分别倒入6个杯子中即可食用。

巧克力奶冻配奶泡

Lait glacé au chocolat et écume de crème

6人份

难易度：★ ☆ ☆
准备时间：20分钟
冷冻时间：30分钟

原料：

巧克力奶冻
- 牛奶 500毫升
- 黑巧克力 80克

奶泡
- 鲜奶油 100毫升
- 细砂糖 10克

做法：

1. 巧克力奶冻：将巧克力切碎后放入碗中。将牛奶在平底深锅中煮沸后倒在巧克力碎上搅拌均匀。将巧克力牛奶分别倒入6个马丁尼杯中，放入冰箱冷冻30分钟。

2. 奶泡：将鲜奶油和细砂糖倒入不锈钢奶油枪中，插入气瓶，使劲摇动瓶身，将空气混入鲜奶油中，让鲜奶油充满空气，将瓶身倾斜倒置，在巧克力奶冻上挤出适量奶泡，即可食用。

巧克力汤配八角风味菠萝串和干脆菠萝片

Soupe au chocolat, brochette d'ananas macéré à l'anis étoilé et ananas craquant

▌ 6人份

难易度：★ ☆ ☆
准备时间：30分钟
冷藏时间：1个晚上
制作时间：4~5小时
浸泡时间：30分钟

▌ 原料：

八角风味菠萝串和干脆菠萝片

- 菠萝 1个
- 水 500毫升
- 细砂糖 150克
- 八角 4个
- 糖粉适量

巧克力汤

- 牛奶 150毫升
- 淡味蜂蜜 10克
- 香草荚 1/2根
- 切碎的黑巧克力 100克

▌ 做法：

1. 前一晚制作八角风味菠萝串：将菠萝削皮，顺着较长的一面切成两半。将其中一半切块，另一半留做干脆菠萝片。将水、细砂糖和八角放入平底深锅中煮沸，将八角风味糖浆倒入菠萝块中，放入冰箱浸泡过夜。

2. 将烤箱预热至80℃，烤盘中铺一张烤盘纸。

3. 干脆菠萝片：将预留的一半菠萝切成极薄的薄片，放入烤盘，撒糖粉，在烤箱中烘干四五个小时。

4. 当天制作巧克力汤：将牛奶、淡味蜂蜜和用刀剖成两半并用刀尖刮掉籽的半根香草荚在平底深锅中煮沸，离火后浸泡30分钟，捞弃香草荚。将热的甜牛奶倒入巧克力碎中，搅拌均匀后放至微温。

5. 将浸泡在八角风味糖浆中的菠萝块用竹签穿成6串，将微温的巧克力汤分别装入6个舒芙蕾模具中，在每个容器内摆上一串菠萝串和一片干脆菠萝片即可。

巧克力奶昔

Milk-shake au chocolat

▌ 6~8人份

难易度：★ ☆ ☆
准备时间：20分钟
冷藏时间：1小时

▌ 原料：

- 牛奶 200毫升
- 无糖可可粉 3小匙
- 细砂糖 2小匙
- 香草冰激凌球 6个
- 巧克力冰激凌球 5个
- 冰块 6块

▌ 做法：

1. 将一半的牛奶、可可粉和细砂糖放入平底深锅中煮沸，再倒入剩余的牛奶，搅匀后离火。放凉后在冰箱冷藏1小时。

2. 将可可甜牛奶、冰激凌球和冰块一起放入电动搅拌器中以高速搅打一二分钟。

3. 将巧克力奶昔分别放入6~8个高玻璃杯中即可食用。

众乐乐的美味小点心
Petits goûters à partager

装填闪电泡芙的正确方法

Le bon geste pour fourrer des pièces de pâte à choux

根据所选择的食谱（例如第242页或第262页），制作闪电泡芙和奶油馅料。

① 准备一个细嘴尖头的裱花嘴。在裱花袋顶端装上较大的圆口裱花嘴，再将裱花袋中填入奶油酱，将闪电泡芙放在操作台上，平的一面朝上。

② 将闪电泡芙轻握在掌心，将细嘴尖头的裱花嘴套在另一只手的食指上，在闪电泡芙上钻二三个小洞。

③ 挤压裱花袋，通过每个小洞为闪电泡芙填上奶油酱。

制作巧克力模的正确方法

Le bon geste pour confectionner des moules en chocolat

这个技巧可以依照不同的食谱选择（例如第238页）做出不同形状的巧克力模。

① 准备一把毛刷、一把小刀、一大碗调温巧克力（具体做法参考第279页）和圆锥形纸袋。

② 用毛刷蘸上调温巧克力，在纸袋内薄薄地刷一层，在室温下静置凝固30分钟。将纸袋的圆口朝下，让多余的巧克力流出。待巧克力变硬后再刷一层，若需要，还可以刷第三层。

③ 当巧克力完全凝固时，小心地将外层的纸模撕开并去除，若需要也可以使用小刀。将做好的巧克力模放在阴凉处备用。

将军权杖饼
Bâtons de maréchaux

▌ 75块

难易度：★ ★ ☆
准备时间：1小时
制作时间：8~10分钟

▌ 原料：

• 蛋清 5个
• 细砂糖 30克
• 过筛的杏仁粉 125克
• 过筛的糖粉 125克
• 过筛的面粉 25克
• 切碎的杏仁 70克

装饰
• 黑巧克力 250克

参考第279页巧克力调温的正确方法。

▌ 做法：

1. 将烤箱预热至170℃，烤盘内铺一张烤盘纸。

2. 将蛋清搅打至略起泡，慢慢加入1/3的细砂糖，继续搅打至顺滑光亮，再缓缓倒入剩余的细砂糖，打发至凝固，然后倒入过筛的杏仁粉、糖粉和面粉，搅拌均匀。将上述面糊的一半填入装有中号圆形裱花嘴的裱花袋中，在烤盘上挤出长6厘米的圆柱状面糊，重复上述步骤，至面糊用完。上面撒杏仁碎，放入烤箱烤8~10分钟，至略呈金黄色后取出，放凉。将做好的权杖饼从烤盘中拿出，摆放在盘中，室温下保存备用。

3. 按照以下方法和步骤为巧克力调温，以达到最佳的制作效果：将黑巧克力粗切碎，将其中的2/3放入碗中隔水加热至融化，待烹饪温度计显示为45℃时，将巧克力从隔水加热的容器中取出，放入剩余的1/3的巧克力，搅拌均匀并冷却至27℃，再次将碗放入隔水加热的容器中，加热至32℃，且不停搅拌。将军权杖饼较平的一面浸入调温巧克力中，再放在网架上，将有巧克力的一面朝上，置于室温下凝固。

大厨小贴士 将军权杖饼可在密封的容器中保存数日。

干炸巧克力小丸子
Beignets au chocolat

25~30个

难易度：★★☆
准备时间：1小时10分钟
冷藏时间：1小时（制作前一
　　　　　晚）
冷冻时间：1个晚上
制作时间：45分钟

原料：

巧克力奶油酱
- 黑巧克力（可可脂含量55%~
  70%）200克
- 鲜奶油 140毫升
- 无糖可可粉适量

裹粉
- 过筛的面粉 125克
- 过筛的玉米粉 1大匙
- 油 1大匙
- 盐 2小撮
- 鸡蛋 1个
- 蛋清 1个
- 啤酒 120毫升
- 细砂糖 1.5大匙

油炸用油
- 面粉适量
- 无糖可可粉（根据个人喜好）
  适量

做法：

1. 前一晚制作巧克力奶油酱：将巧克力切碎后放入碗中，隔水加热至融化。将鲜奶油在平底深锅中煮沸后倒在巧克力上，搅拌均匀。将巧克力奶油酱盖上盖子后放入冰箱冷藏至足够硬。将其填入装有圆形裱花嘴的裱花袋中，在铺着烤盘纸的烤盘中挤出25~30个小块，放入冰箱冷藏约1小时至凝固。戴上处理食品的专用塑料手套，将凝固的小块滚搓成小球，撒可可粉避免粘连，再放入冰箱冷冻过夜。

2. 当天制作裹粉：将过筛的面粉和玉米粉倒入大碗中，在中间挖出一个凹槽，在凹槽中放入油、盐、鸡蛋，小心混合成均匀的面糊，待面糊光滑时倒入啤酒搅拌均匀。

3. 将油炸用油倒入油炸锅内，加热至200℃。

4. 将蛋清打出泡沫，慢慢倒入细砂糖后打发，倒入裹粉中。

5. 从冰箱中一次取二三个巧克力小球，裹少许面粉后放入裹粉中，再用夹子夹出，放入油锅中炸3~5分钟，至表面略呈金黄色，捞出后放在吸油纸上，根据个人喜好可以在炸好的小丸子表面撒可可粉。重复上述步骤，制作剩余的巧克力小丸子。

新鲜覆盆子巧克力香缇泡芙
Choux Chantilly au chocolat et framboises fraîches

▌ 8~10个

难易度：★★☆
准备时间：35分钟
制作时间：30分钟

▌ 原料：

泡芙
- 水 250毫升
- 无盐黄油 100克
- 盐 1大匙
- 细砂糖 1大匙
- 过筛的面粉 150克
- 鸡蛋 4个
- 打散的蛋液 1个

巧克力鲜奶油香缇
- 黑巧克力碎片 125克
- 鲜奶油 300毫升
- 糖粉 30克

装饰
- 覆盆子 500克
- 糖粉 适量

参考第187页制作泡芙面糊的正确方法。

▌ 做法：

1. 将烤箱预热至180℃，将烤盘刷匀黄油。

2. 泡芙：将水、无盐黄油、盐和细砂糖倒入平底深锅中加热，至黄油融化；将上述混合物煮沸，离火，再一次全部倒入过筛的面粉，用木勺混合搅拌成光滑紧实的面团，再次将平底深锅放在火上，烘干面团，不停搅拌以免面团粘附内壁。将面团离火后放入碗中冷却5分钟。

3. 将3个鸡蛋一个个打入面团中，用木勺用力搅拌。另碗将第4个鸡蛋打散，并将一半的蛋液倒入面糊中，不断搅拌使面糊混入更多的空气且变得顺滑光亮。用木勺舀起适量面糊后抬高，当面糊下落时呈"V"字状，表示面糊已经做好，若没有达到标准，则需要放入剩余的蛋液直到符合要求。

4. 用大汤匙或者装有圆形裱花嘴的裱花袋在烤盘上挤出直径四五厘米的小球，刷匀蛋液，放入烤箱，紧闭烤箱门烤15分钟，再将温度调低至165℃，将烤箱门开小缝，继续烤15分钟，至泡芙呈金黄色。轻拍泡芙，若发出中空的声音，说明已经烤好，从烤箱中取出，放在网架上冷却。

5. 巧克力鲜奶油香缇：将巧克力隔水加热至融化，将鲜奶油和糖粉打发至凝固且不会从搅拌器上滴落，倒入巧克力中快速搅拌。将所有材料填入装有星形裱花嘴的裱花袋中。切去泡芙上面的1/3部分，挤入巧克力鲜奶油香缇，周围用新鲜覆盆子作装饰，再盖上切去的泡芙，撒糖粉，即可食用。

布朗尼
Brownies

▌ 10人份

难易度：★ ☆ ☆
准备时间：30分钟
制作时间：30分钟

▌ 原料：

- 黑巧克力（可可脂含量55%~70%）125克
- 无盐黄油 225克
- 鸡蛋 4个
- 红糖 125克
- 细砂糖 125克
- 过筛的面粉 50克
- 过筛的无糖可可粉 20克
- 切碎的胡桃 100克

▌ 做法：

1. 将烤箱预热至170℃，边长20厘米的方形蛋糕模中铺一张烤盘纸。

2. 将巧克力切碎后放入碗中和无盐黄油一起隔水加热至融化，用橡皮刮刀搅拌均匀。

3. 另碗将鸡蛋、红糖和细砂糖搅打至浓稠起泡，再将其倒入巧克力和黄油的混合物中，放入过筛的面粉、无糖可可粉和碎胡桃，用橡皮刮刀混合均匀。

4. 将面糊倒入模具中，放入烤箱烤30分钟，至将餐刀插入布朗尼的中心，抽出后刀身无材料粘附。在网架上放凉，切成小块即可食用。

巧克力雪茄卷
Cigarettes au chocolat

▌45根

难易度：★ ☆ ☆
准备时间：30分钟
冷藏时间：20分钟
制作时间：6~8分钟

▌原料：
• 室温回软的无盐黄油 80克
• 糖粉 120克
• 蛋清 4个（130克）
• 过筛的面粉 90克
• 过筛的无糖可可粉 20克

▌做法：

1. 将室温回软的无盐黄油和糖粉在碗中搅拌至浓稠的乳霜状，慢慢加入蛋清，混合均匀，再倒入过筛的面粉和可可粉搅匀，放入冰箱冷藏20分钟。

2. 将烤箱预热至200℃，烤盘铺一张烤盘纸。

3. 在硬纸板上画一个直径为8厘米的圆，不要圆形硬纸板，将留有圆圈轮廓的硬纸板放在烤盘中，在圆圈内铺巧克力雪茄卷的面糊后移开模板。重复上述步骤，至烤盘填满，应在每个圆面糊之间留出几毫米的空隙，然后放入烤箱烤6~8分钟。

4. 用圆柄木勺或者大汤勺制作雪茄卷。将刚出炉的巧克力圆饼卷在勺柄处，等几秒钟待其变硬，从勺柄处抽出后放到网架上。存放在干燥阴凉处即可。

巧克力肉桂软心小点
Fondants chocolat-cannelle

▌45块

难易度：★ ☆ ☆

准备时间：15分钟

冷藏时间：45~60分钟

制作时间：12~15分钟

▌原料：

巧克力面糊
- 室温回软的无盐黄油 180克
- 糖粉 100克
- 蛋黄 1个
- 过筛的面粉 200克
- 过筛的无糖可可粉 10克

肉桂面糊
- 室温回软的无盐黄油 140克
- 糖粉 75克
- 香草精 1/2小匙
- 肉桂粉 1/2小匙
- 蛋黄 1个
- 过筛的面粉 200克

装饰
- 蛋清 2个
- 椰子粉 100克

▌做法：

1. 巧克力面糊：将室温回软的无盐黄油和糖粉搅打至顺滑且颜色变淡的膏状，加入蛋黄、过筛的面粉和无糖可可粉后，揉和成松软的面团，放入冰箱冷藏15~20分钟。

2. 肉桂面糊：将室温回软的无盐黄油和糖粉搅打至顺滑且颜色变淡的膏状，加入香草精和肉桂粉，再放入蛋黄和过筛的面粉，揉和成松软的面团，放入冰箱冷藏15~20分钟。

3. 将肉桂面团揉搓成3厘米的圆柱形长条，将巧克力面糊擀成厚度为1厘米的片，摆上长形的肉桂面团，再用外面的巧克力面团包起，放入冰箱冷藏15~20分钟。

4. 将烤箱预热至160℃，烤盘内刷匀黄油。

5. 将面团刷匀用于装饰的蛋清，裹匀椰子粉。将刀过热水后擦干，将面团切成1厘米厚的圆形薄片，将切好的圆片摆放在烤盘中，在烤箱中烤12~15分钟，取出后放在网架上冷却。

巧克力豆肉桂饼干
Cookies à la cannelle et aux pépites de chocolat

40块

难易度： ★ ☆ ☆

准备时间： 15分钟

冷藏时间： 1小时

制作时间： 10分钟

▌原料：

• 蛋黄 2个

• 香草精 1小匙

• 水 2大匙

• 室温回软的无盐黄油 150克

• 糖粉 100克

• 过筛的面粉 300克

• 过筛的泡打粉 1/2小匙

• 盐 1大撮

• 肉桂粉 1.5小匙

• 巧克力豆 120克

• 糖粉适量

▌做法：

1. 将蛋黄、香草精和水在碗中混合。另碗将室温回软的无盐黄油和糖粉搅拌至浓稠的乳霜状，一点点倒入香草蛋黄液，再放入过筛的面粉、泡打粉、盐和肉桂粉，最后放入巧克力豆，混合均匀，注意不要过度揉捏面团。

2. 将面团一分为二，制作出2个直径为3厘米的长形面团，裹匀糖粉，用保鲜膜包裹后放入冰箱冷藏至少1小时。

3. 将烤箱预热至160℃，烤盘内刷匀黄油。

4. 将长形面团切成1厘米厚的圆片，摆放在烤盘中，放入烤箱烤10分钟至金黄色后取出，在网架上放凉。

> **大厨小贴士** 若想要变化，也可以在长形面团上裹匀无糖可可粉。

巧克力杯、碗和圆锥筒
Coupelles, coupes et cornets en chocolat

▌10个

难易度：★★☆
准备时间：45分钟

▌原料：

• 黑巧克力 500克

参考第279页巧克力调温的正确方法。
参考第227页制作巧克力模的正确方法。

▌做法：

1. 按照以下方法和步骤为巧克力调温，以达到最佳的制作效果：将黑巧克力粗切碎，将其中的2/3放入碗中隔水加热至融化，待烹饪温度计显示为45℃时，将巧克力从隔水加热的容器中取出，放入剩余的1/3的巧克力，搅拌均匀并冷却至27℃，再次将碗放入隔水加热的容器中，加热至32℃，且不停搅拌。

2. 巧克力杯：使用大的杯子蛋糕纸杯或装糖果的小纸杯均可，若纸杯太薄，可将两个摞起来使用。用毛刷在杯子内薄薄地刷一层调温巧克力，室温下静置30分钟至巧克力凝固。待巧克力变硬时，再刷一层巧克力，若需要还可以刷第三层。待巧克力完全凝固时，小心地移除外面的纸杯，将巧克力杯放在阴凉干燥处备用。

3. 巧克力碗：给10个小气球充气并将口扎紧。将球体的一半浸泡在调温巧克力中，然后放在铺有烤盘纸的烤盘中，放入冰箱冷藏约15分钟至巧克力凝固。待巧克力变硬时，用针将气球扎破并小心地取出，将巧克力球形小碗放在阴凉干燥处备用。

4. 巧克力圆锥筒：使用圆锥形的纸模，用毛刷在模具内薄薄地刷一层调温巧克力，室温下静置30分钟至巧克力凝固，将开口朝下，让多余的巧克力流出，待巧克力变硬时再刷一层巧克力，若需要还可以刷第三层。待巧克力完全凝固时，小心地将外面的纸模撕开并移除，将巧克力圆锥筒放在阴凉干燥处备用。

巧克力可丽饼
Crêpes au chocolat

15块

难易度: ★ ☆ ☆
准备时间:10分钟
冷藏时间:2小时
制作时间:45分钟

原料:

巧克力可丽饼面糊

- 过筛的面粉 150克
- 过筛的无糖可可粉 30克
- 鸡蛋 2个
- 牛奶 450毫升
- 细砂糖 10克

澄清黄油

- 无盐黄油 125克

配料

- 鲜奶油香缇、细砂糖（或榛子巧克力酱）各适量

做法:

1. 巧克力可丽饼面糊:将过筛的面粉和可可粉倒入碗中,在中间挖一个凹槽,放入鸡蛋、1/4的牛奶和细砂糖,慢慢混合至面糊均匀,再倒入剩余的牛奶,继续混合至面糊顺滑。将面糊盖上盖子,放入冰箱冷藏2小时。

2. 澄清黄油:将无盐黄油在平底深锅中用小火加热至慢慢融化,期间不用搅拌,离火后撇去表面浮沫。将融化的黄色液体倒入碗中,将白色的牛奶微粒或乳清留在平底锅中。

3. 将长柄平底煎锅放在火上加热,锅热后离火,用浸泡过澄清黄油的吸油纸在锅中抹上油,舀起一小汤匙面糊倒入锅中,转动煎锅使面糊均匀摊开。将一面煎烤一二分钟后,用橡皮刮刀翻面,也可以颠锅将可丽饼翻面,然后再煎烤几秒钟即可,将做好的可丽饼盛放在盘子中,盖上另一个盘子保温。重复上述步骤继续煎烤剩余的可丽饼,至面糊用完。

4. 可以搭配鲜奶油香缇和细砂糖,或者榛子巧克力酱一同食用。

大厨小贴士

可以提前几小时制作可丽饼,食用前在抹上油的煎锅中快速加热即可。与普通无盐黄油相比,去除牛奶固体微粒的澄清黄油不易焦煳,冷藏保存也不容易氧化变质。

巧克力闪电泡芙
Éclairs tout chocolat

▍ 12个

难易度：★★★
准备时间：10分钟
制作时间：25分钟
冷藏时间：25分钟

▍ 原料：

泡芙
- 水 250毫升
- 无盐黄油 100克
- 盐 1小匙
- 细砂糖 1小匙
- 过筛的面粉 130克
- 过筛的无糖可可粉 20克
- 鸡蛋 4个
- 打散的鸡蛋液 1个

巧克力卡士达奶油酱
- 黑巧克力 150克
- 牛奶 500毫升
- 香草荚 1根
- 蛋黄 4个
- 细砂糖 125克
- 玉米粉 40克

巧克力镜面
- 黑巧克力 100克
- 糖粉 100克
- 水 20毫升

参考第226页装填闪电泡芙的正确方法。

▍ 做法：

1. 将烤箱预热至180℃，烤盘内刷匀黄油。

2. 泡芙：按照第232页的步骤制作泡芙面糊，然后放入过筛的可可粉和面粉，用木勺测试后，待面糊达到制作标准时，将其填入装有圆形裱花嘴的裱花袋中，在烤盘上挤出长10厘米、宽3厘米的长形面糊，刷匀打散的蛋液，用沾过冷水的叉子背面将面糊压扁，放入烤箱中紧闭烤箱门烤15分钟，再将烤箱温度调低至165℃，继续烤10分钟至闪电泡芙成形。轻拍泡芙，若发出中空的声音则表示已经烤好。

3. 巧克力卡士达奶油酱：将巧克力切细碎后放入碗中。将牛奶和用刀剖成两半并用刀尖刮掉籽的香草荚放入平底深锅中加热至沸腾，离火。将鸡蛋和细砂糖在碗中搅拌，发白浓稠后倒入玉米粉。捞出牛奶中的香草荚，将一半热牛奶倒入蛋黄玉米糊中搅拌均匀，再倒入剩余的牛奶。将混合好的材料再次倒入平底深锅中小火熬煮，用木勺不断搅拌至浓稠，继续让奶油酱沸腾1分钟，中间不停搅拌。将卡士达奶油酱倒入巧克力中搅拌均匀，离火后盖上保鲜膜，放入冰箱冷藏25分钟。

4. 巧克力镜面：将巧克力隔水加热至融化。将细砂糖用水化开，然后倒入巧克力中，将混合物加热至烹饪温度计显示为40℃。

5. 将巧克力卡士达奶油酱填入装有圆形裱花嘴的裱花袋中，在每个闪电泡芙上戳出二三个小洞，挤入卡士达奶油酱，用橡皮抹刀在闪电泡芙表面涂上一层镜面，晾干后即可食用。

巧克力费南雪配牛奶巧克力轻慕斯
Financiers au chocolat et mousse légère au chocolat au lait

▌15个

难易度：★ ☆ ☆
准备时间：40分钟
制作时间：10~15分钟
冷藏时间：10分钟

▌原料：

巧克力费南雪
- 无盐黄油 170克
- 过筛的面粉 100克
- 过筛的杏仁粉 125克
- 细砂糖 250克
- 蛋清 7个（约200克）
- 蜂蜜 40克
- 巧克力豆 90克

牛奶巧克力轻慕斯
- 牛奶巧克力 220克
- 鲜奶油 320毫升
- 香草荚 1/2根

装饰
- 牛奶巧克力适量

参考第283页制作圆锥形纸袋
用于装饰的正确方法。

▌做法：

1. 将烤箱预热至180℃。

2. 巧克力费南雪：将无盐黄油在平底深锅中加热，至成为金黄的"榛子色"时说明乳清已经变色且粘附于锅底，离火后立即用漏斗形筛网过滤，放凉备用。将过筛的面粉和杏仁粉倒入大碗中，依次加入细砂糖、蛋清和蜂蜜，打发至浓稠的乳霜状，慢慢倒入过滤后的黄油搅匀至略起泡且体积膨胀，再加入巧克力豆。准备15个直径4.5厘米、高3厘米的迷你玛芬硅胶模具，将混合物逐个填至模具的3/4处，放入烤箱烤10~15分钟，至将餐刀插入费南雪中心，抽出时刀身干净没有材料粘附，取出后放凉数秒，在网架上脱模。

3. 牛奶巧克力轻慕斯：将巧克力切碎后放入碗中，隔水加热至融化。将鲜奶油和用刀剖成两半并用刀尖刮掉籽的半根香草荚加热至沸腾，离火后将2/3的香草鲜奶油倒入融化的巧克力，用力打发后倒入剩余的鲜奶油。将混合物倒入装有星形裱花嘴的裱花袋中，在每个费南雪的顶部挤巧克力牛奶轻慕斯的玫瑰花饰，放入冰箱冷藏10分钟。

4. 将装饰用的牛奶巧克力隔水加热至融化，放至微温，在巧克力仍有温度时倒入做好的圆锥形纸袋中，将顶部折叠使纸袋密封，将尖端处剪掉，在费南雪上挤出巧克力条纹。

大厨小贴士 可以选用黑巧克力或白巧克力制作慕斯或作装饰。

巧克力香橙费南雪

Financiers à l'orange et aux pépites de chocolat

▌12个

难易度：★ ☆ ☆
准备时间：30分钟
制作时间：10~15分钟
静置时间：1天

▌原料：

巧克力香橙费南雪
- 无盐黄油 75克
- 糖渍香橙 40克
- 面粉 50克
- 糖粉 120克
- 杏仁粉 50克
- 蛋清 4个
- 巧克力豆 30克

黑巧克力淋酱
- 黑巧克力 100克
- 鲜奶油 100毫升
- 无盐黄油 20克

▌做法：

1. 将烤箱预热至180℃，在费南雪烤盘或12个迷你费南雪模具中刷匀黄油并撒薄面，然后倒扣使多余的面粉落下。

2. 巧克力香橙费南雪：将无盐黄油在平底深锅中加热，至呈金黄的"榛子色"时说明乳清已经变色且粘附于锅底，离火后立即用漏斗形筛网过滤，放凉备用。将糖渍香橙切成小丁。将面粉、糖粉、杏仁粉和蛋清倒入大碗中，打发至浓稠的乳霜状，慢慢倒入过滤后的黄油搅匀至略微起泡且体积膨胀，然后加入巧克力豆和糖渍香橙丁。

3. 用大汤匙或裱花袋逐个将模具填至3/4处，放入烤箱烤10~15分钟，至将餐刀插入费南雪中心，抽出时刀身干净没有材料粘附，取出后放凉数秒，在网架上脱模。

4. 黑巧克力淋酱：将黑巧克力粗切块后放入碗中。将鲜奶油在平底深锅中煮沸，浇在巧克力块上混合均匀，再放入无盐黄油。将巧克力淋酱倒入装有圆形裱花嘴的裱花袋中，以装饰费南雪表面，每盘放入2块，即可食用。

巧克力佛罗伦汀饼干

Les florentins au chocolat

▌40块

难易度：★★☆
准备时间：45分钟
制作时间：30分钟
冷却时间：30分钟

▌原料：

- 糖渍什锦水果 50克
- 糖渍橙皮 50克
- 糖渍欧洲甜樱桃 35克
- 杏仁片 100克
- 过筛的面粉 25克
- 鲜奶油 100毫升
- 细砂糖 85克
- 蜂蜜 30克
- 黑巧克力 300克

参考第279页巧克力调温的正确方法。

▌做法：

1. 将烤箱预热至170℃，烤盘内刷匀黄油。

2. 将糖渍水果、橙皮和甜樱桃分别切成小块后和杏仁片一起放入碗中，加入过筛的面粉，用手小心地混合均匀，将糖渍水果块分开。

3. 将鲜奶油、细砂糖和蜂蜜在平底深锅中煮沸后，用搅拌器搅拌均匀，继续熬煮二三分钟，然后倒入糖渍水果块的面糊中，用木勺轻轻搅拌（此面糊可在冰箱冷藏保存2天）。

4. 用小茶匙将面糊一勺勺舀出，呈小球状放在烤盘里，中间留有空隙。用大汤匙的勺背将面糊轻轻压扁成直径约3厘米的圆片，放入烤箱中烘烤，待起泡时取出，放凉约30分钟。将烤箱的温度调整至160℃，将饼干再次烘烤10分钟，取出后放凉，然后放在网架上。

5. 按照以下方法和步骤为黑巧克力调温，以达到最佳的制作效果：将黑巧克力粗切碎，将其中的2/3放入碗中，隔水加热至融化，当烹饪温度计显示为45℃时，将巧克力从隔水加热的容器中取出，放入剩余1/3的巧克力，搅拌均匀并冷却至27℃，再次将碗放入隔水加热的容器中，加热至32℃，其间不停搅拌。

6. 用毛刷在佛罗伦汀饼干的表面刷一层调温黑巧克力，在操作台上轻拍每一块饼干，去除巧克力中的气泡。用抹刀再为饼干涂上一层巧克力，去掉周边多余的巧克力，室温下待佛罗伦汀饼干变硬。

> **大厨小贴士**　注意放在烤盘纸上每个面糊小球的分量，尽量让其摊开时能够较薄；若太厚不便于食用。

巧克力马卡龙
Macarons au chocolat

30个

难易度：★★★
准备时间：30分钟
静置时间：20~30分钟
制作时间：10~15分钟
冷藏时间：1天

原料：

- 过筛的杏仁粉 125克
- 过筛的糖粉 200克
- 过筛的无糖可可粉 30克
- 蛋清 5个
- 细砂糖 75克

巧克力淋酱
- 黑巧克力 150克
- 鲜奶油 200克
- 蜂蜜 20克

做法：

1. 将过筛的杏仁粉、糖粉和可可粉倒入碗中。另碗将蛋清打发至略起泡，慢慢加入1/3的细砂糖，打发至顺滑光亮，再倒入剩余的细砂糖，持续打发至硬性发泡。用橡皮刮刀缓慢将1/4的杏仁粉、糖粉和可可粉的混合物拌入，将橡皮刮刀从中间直插到底，慢慢朝边缘移动并向上搅起混合物，像是将材料叠起一样，同时另一只手转动碗。按照这个方法，分3次将其余的杏仁粉、糖粉和可可粉混入，至面糊松软光亮。将面糊填入装有直径4毫米的圆形裱花嘴的裱花袋中，在铺有烤盘纸的烤盘中挤出60个直径约2厘米的小球，室温下静置20~30分钟。

2. 将烤箱预热至160℃。

3. 将静置的小球放入烤箱烤10~15分钟，中途将烤箱的温度调低至120~130℃，待马卡龙膨胀的部分开始变硬时从烤箱中取出，放凉后在冰箱中冷藏。

4. 巧克力淋酱：黑巧克力切碎后放入碗中；鲜奶油和蜂蜜加热至沸腾，将其中一半倒入巧克力碎中，用搅拌器搅拌均匀，一边慢慢加入剩余的鲜奶油蜂蜜，一边用搅拌器小心地搅拌，放凉备用。

5. 将巧克力淋酱涂抹在一片马卡龙上，将另一片轻轻压上。食用前需要冷藏一天，使马卡龙的中心软化。

 大厨小贴士 可以使用覆盆子果酱或榛子巧克力酱做馅料。马卡龙可以放在冰箱里冷冻保存。

盐之花巧克力马卡龙

Macarons tout chocolat à la fleur de sel

▌8个

难易度：★★★

准备时间：30分钟

静置时间：20~30分钟

制作时间：18分钟

冷藏时间：1天

▌原料：

巧克力马卡龙面糊

- 过筛的杏仁粉 180克
- 过筛的糖粉 270克
- 过筛的无糖可可粉 30克
- 蛋清 5个
- 细砂糖 30克
- 盐之花适量

巧克力淋酱

- 黑巧克力 150克
- 蛋黄 2个
- 细砂糖 100克
- 鲜奶油 100毫升
- 香草荚 1根

▌做法：

1. 巧克力马卡龙面糊：将过筛的杏仁粉、糖粉和可可粉倒入碗中备用。另碗将蛋清打发至略起泡，慢慢加入1/3的细砂糖，打发至顺滑光亮，再倒入剩余的细砂糖，持续打发至硬性发泡。用橡皮刮刀小心地将1/4的杏仁粉、糖粉和可可粉的混合物拌入，将橡皮刮刀从中间直插到底，慢慢朝边缘移动并向上搅起混合物，像是将材料叠起一样，同时另一只手转动碗。按照这个方法，分3次将其余的杏仁粉、糖粉和可可粉混入，至面糊松软光亮。将面糊填入装有直径为4毫米的圆形裱花嘴的裱花袋中，在铺有烤盘纸的烤盘中挤出17个直径4~5厘米的小球，室温下静置20~30分钟。

2. 将烤箱预热至160℃。将盐之花撒在小面球上，然后放入烤箱烤10~15分钟，中途将烤箱的温度调低至120~130℃，待马卡龙膨胀的部分开始变硬时，从烤箱中取出，放凉后在冰箱中冷藏。

3. 巧克力淋酱：将黑巧克力切碎后放入碗中。将蛋黄和细砂糖打发至发白浓稠。将鲜奶油和用刀剖成两半并用刀尖刮掉籽的香草荚在平底深锅中煮沸，将1/3的香草鲜奶油倒入蛋黄和细砂糖的混合物中快速搅拌，再将混合物倒回装有剩余香草鲜奶油的平底深锅中，小火熬煮，用木勺不断搅拌至浓稠并附着于勺背（注意勿煮沸）。捞出香草荚，将熬好的香草奶油酱倒入巧克力中搅拌均匀，放凉备用，其间不时搅拌。

4. 将巧克力淋酱倒入装有圆形裱花嘴的裱花袋中，在8片马卡龙上挤出一圈小球后，将剩余的8片分别盖在上面，放入冰箱冷藏1天后即可食用。

巧克力柠檬大理石玛德琳蛋糕
Madeleines marbrées chocolat-citron

▌ 48块

难易度：★ ☆ ☆
准备时间：30分钟
冷藏时间：1个晚上
制作时间：10~12分钟

▌ 原料：

巧克力玛德琳蛋糕面糊
- 无盐黄油 85克
- 鸡蛋 2个
- 细砂糖 130克
- 牛奶 35毫升
- 过筛的面粉 150克
- 过筛的无糖可可粉 30克
- 泡打粉 1小匙

柠檬玛德琳蛋糕面糊
- 无盐黄油 85克
- 鸡蛋 2个
- 细砂糖 130克
- 牛奶 35毫升
- 过筛的面粉 180克
- 泡打粉 1小匙
- 切碎的柠檬皮末 2个

▌ 做法：

1. 巧克力玛德琳蛋糕面糊：将无盐黄油放入平底深锅中加热至呈金黄的"榛子色"，此时说明乳清已经变色且粘附于锅底，离火后立即用漏斗形筛网过滤，放凉备用。将鸡蛋和细砂糖在碗中搅打至发白浓稠，依次加入牛奶、过筛的面粉、可可粉和泡打粉混合均匀，再用搅拌器慢慢混入黄油，至混合物略起泡且体积膨胀。盖上保鲜膜，放入冰箱冷藏过夜。

2. 柠檬玛德琳蛋糕面糊：依照上面的步骤和方法制作柠檬玛德琳蛋糕面糊，只需将可可粉用柠檬皮碎末代替即可。

3. 制作当天，将烤箱预热至200℃，在玛德琳蛋糕模具中刷匀黄油并撒薄面，将模具倒扣，让多余的面粉落下。

4. 用大汤匙或裱花袋分别在玛德琳蛋糕模中先填入巧克力面糊，约至模具1/2处，再填入柠檬面糊，放入烤箱烤5分钟，至蛋糕开始略微上色，将温度调低至180℃，继续烘烤5~7分钟，取出后立即脱模，在网架上放凉。

大厨小贴士 还可以将两种面糊分别烘烤，制作纯巧克力或柠檬口味的玛德琳蛋糕。

巧克力蜂蜜玛德琳蛋糕

Madeleines au miel et au chocolat

▍ 24块

难易度：★★☆
准备时间：30分钟
冷藏时间：1个晚上
制作时间：10~12分钟

▍ 原料：

• 无盐黄油 85克
• 鸡蛋 2个
• 蜂蜜 130克
• 牛奶 35毫升
• 过筛的面粉 170克
• 过筛的泡打粉 1小匙
• 黑巧克力 200克

▍ 做法：

1. 将无盐黄油放入平底深锅中加热至呈金黄的"榛子色"，此时说明乳清已经变色且粘附于锅底，离火后立即用漏斗形筛网过滤，放凉备用。

2. 将鸡蛋和蜂蜜在碗中搅打至发白浓稠，依次加入牛奶、过筛的面粉和泡打粉，混合均匀，然后用搅拌器慢慢混入黄油，至混合物略微起泡且体积膨胀。盖上保鲜膜，放入冰箱冷藏过夜。

3. 制作当天，将烤箱预热至200℃，在玛德琳蛋糕模具中刷匀黄油并撒薄面，将模具倒扣，让多余的面粉落下。

4. 用大汤匙或裱花袋分别在玛德琳蛋糕模中填入核桃大小的面糊，放入烤箱烤5分钟，至蛋糕开始略微上色，将温度调低至180℃，继续烘烤5~7分钟，取出后立即脱模，在网架上放凉。

5. 烘烤时为巧克力调温（具体做法参考第279页）。将玛德琳蛋糕有花纹的一面浸入调温巧克力中，室温下凝固后即可食用。

> **大厨小贴士**
>
> 为了方便给模具内刷匀黄油，应使用室温回软的黄油，并用橡皮刮刀搅拌至膏状后使用。建议为模具刷2遍黄油，再撒薄面，然后放入冰箱冷藏几分钟再填入面糊，这样操作会使烘烤后的玛德琳蛋糕比较容易脱模。

香橙巧克力小茶点
Mignardises au chocolat et à l'orange

▌12块

难易度：★ ☆ ☆
准备时间：45分钟
冷藏时间：1个晚上+1小时
制作时间：25分钟

▌原料：

糖煮香橙
- 香橙 1个
- 细砂糖 50克
- 红糖 50克
- 蜂蜜 35克

茶点面糊
- 巧克力 50克
- 室温回软的无盐黄油 60克
- 杏仁粉 100克
- 细砂糖 70克
- 鸡蛋 2个
- 蜂蜜 10克
- 君度香橙 2小匙

装饰
- 糖粉（根据个人喜好）适量

▌做法：

1. 前一晚制作糖煮香橙：将香橙削皮后切片，放入平底深锅中，放入细砂糖、红糖和蜂蜜，小火熬煮25分钟至糖煮水果入味，放入冰箱冷藏过夜。

2. 当天制作茶点面糊：将巧克力切碎后放入碗中，隔水加热至融化。将室温回软的无盐黄油在碗中用橡皮刮刀搅拌至浓稠的膏状，慢慢倒入融化的巧克力中。用电动搅拌器混合杏仁粉和细砂糖，慢慢加入提前打散的蛋液，持续搅拌至面糊浓稠，再放入蜂蜜。将混合物倒入巧克力和黄油的混合物中，倒入君度香橙后持续搅拌至浓稠。放入冰箱冷藏1小时，取出后填入装有圆形裱花嘴的裱花袋中。

3. 将烤箱预热至180℃，在迷你玛芬的硅胶模具内刷匀黄油。

4. 将模具中填上1厘米厚的面糊，用小汤匙在上面铺厚0.5厘米厚的糖煮香橙（剩余的留作装饰使用），再在上面填面糊，约至模具的2/3处。放入烤箱烤10分钟，然后将温度调低至160℃，继续烘烤15分钟。

5. 将烤好的小茶点放凉后脱模，在表面涂上一些糖煮香橙作为装饰，根据个人喜好还可以轻轻撒少许糖粉。

巧克力香草千层派
Mille-feuille chocolat-vanille

▎6~8人份

难易度：★★★
准备时间：3小时+1小时
冷藏时间：1个晚上
制作时间：45分钟

▎原料：

基本面团
- 无盐黄油 50克
- 过筛的面粉 225克
- 过筛的无糖可可粉 25克
- 盐 8克
- 细砂糖 15克
- 水 120毫升

折叠面团
- 冷藏的无盐黄油 250克

香草卡士达奶油酱
- 牛奶 750毫升
- 香草荚 2根
- 蛋黄 6个
- 细砂糖 225克
- 玉米粉 50克
- 面粉 25克

装饰
- 无糖可可粉适量

▎做法：

1. 前一晚制作基本面团：将无盐黄油放入平底深锅中加热至呈金黄的"榛子色"，此时说明乳清已经变色且粘附于锅底，离火后立即用漏斗形筛网过滤，放凉备用。将过筛的面粉、可可粉、盐和细砂糖倒入碗中，用手在中间压出一个凹槽，倒入水和过滤的黄油混合均匀，揉和面糊1分钟，形成面团，在顶端剪出十字，防止面团缩小，用保鲜膜包好，放入冰箱冷藏1小时。在操作台撒薄面，将面团放在上面，压扁，让中间的十字保持鼓起的状态。

2. 折叠面团：将冷藏的无盐黄油放在两张烤盘纸之间，用擀面杖轻拍压平成2厘米的方块，放在面团上的十字中央，将面团的四角向上折起，将黄油包裹住。用擀面杖将宽的边轻轻压扁。操作台撒薄面，将面团擀成长35厘米、宽12厘米的长方形，分为三等份，折三折，将上下面皮向中间折，将面团向右转45°，用擀面杖将较宽的一边压扁，再次将面团擀成长35厘米、宽12厘米的长方形，再依照上面的方法折三折，用保鲜膜包裹后放入冰箱冷藏约30分钟。再重复上述步骤2次，将做好的面团放入冰箱冷藏过夜。

3. 制作当天，将烤箱预热至145℃，在烤盘纸上刷匀黄油。将面团擀成一二厘米厚，做成烤盘大小尺寸，放在用少许水蘸湿的烤盘中，将烤盘放在网架上，在烤箱烤45分钟，取出网架，让面团冷却。

4. 按照第262页的方法制作香草卡士达奶油酱：使用本食谱中所列出的材料。将做好的奶油酱盖上保鲜膜，放凉备用。将烤好的千层酥皮切成3个长38厘米、宽10厘米的长条，依次放香草卡士达奶油酱和千层酥皮，再切成6~8份，最后撒可可粉即可。

迷你巧克力闪电泡芙
Mini-éclairs au chocolat

▌20个

难易度：★★☆
准备时间：1小时
制作时间：16分钟
冷藏时间：25分钟

▌原料：

泡芙
- 水 125毫升
- 无盐黄油 50克
- 盐 1/2小匙
- 细砂糖 1/2小匙
- 过筛的面粉 75克
- 鸡蛋 2个
- 打散的鸡蛋 1个

巧克力卡士达奶油酱
- 黑巧克力 75克
- 牛奶 250毫升
- 香草荚 1根
- 蛋黄 2个
- 细砂糖 65克
- 玉米粉 20克

黑巧克力镜面
- 黑巧克力 50克
- 糖粉 50克
- 水 10毫升

参考第226页装填闪电泡芙的正确方法。

▌做法：

1. 将烤箱预热至180℃，烤盘内刷匀黄油。

2. 使用本食谱所列出的食材，根据第232页的步骤制作泡芙：用木勺测试，当面糊达到制作标准时，将其填入装有圆形裱花嘴的裱花袋中，在烤盘上挤出长五六厘米的棍状面糊，刷匀打散的蛋液，放入烤箱中紧闭烤箱门烤8分钟，然后将烤箱温度调低至165℃，继续烤10分钟，至闪电泡芙呈金黄色。轻拍泡芙，若发出中空的声音则表示已经烤好，取出后在网架上放凉。

3. 巧克力卡士达奶油酱：将巧克力切细碎后放入碗中。将牛奶和用刀剖成两半并用刀尖刮掉籽的香草荚放入平底深锅中加热至沸腾，离火。将鸡蛋和细砂糖在碗中搅拌至发白浓稠后放入玉米粉。捞弃牛奶中的香草荚，将一半热牛奶倒入蛋黄玉米糊中，搅拌均匀，然后倒入剩余的牛奶。将混合好的材料再次倒入平底深锅中小火炖煮，用木勺不断搅拌至浓稠，继续让奶油酱沸腾1分钟，中间不停搅拌。将卡士达奶油酱倒入巧克力中搅拌均匀，盖上保鲜膜，放入冰箱冷藏25分钟。

4. 黑巧克力镜面：将黑巧克力隔水加热至融化。将糖粉与水混合后倒入融化的巧克力中，放到火上加热至烹饪温度计显示为40℃。

5. 将巧克力卡士达奶油酱填入装有圆形裱花嘴的裱花袋中，在每个迷你闪电泡芙上戳出1个小洞，挤入卡士达奶油酱，用橡皮抹刀在闪电泡芙表面涂一层巧克力镜面，待镜面凝固干燥后即可食用。

布列塔尼可可黄油饼干配柠檬奶油酱

Sablés bretons cacao-beurre salé et crémeux citron

▌ 20~30块

难易度：★★☆

准备时间：前一晚15分钟+当
天40分钟

冷藏时间：1个晚上

制作时间：15~20分钟

▌ 原料：

布列塔尼可可黄油饼干

- 无盐黄油 210克
- 细砂糖 180克
- 盐之花 2克
- 蛋黄 5个
- 过筛的面粉 250克
- 过筛的泡打粉 16.5克
- 过筛的无糖可可粉 30克

柠檬奶油酱

- 明胶 2片
- 鸡蛋 4个
- 细砂糖 175克
- 柠檬汁 150毫升
- 室温回软的无盐黄油 300克

装饰

- 覆盆子 200克
- 草莓 200克

▌ 做法：

1. 前一晚制作布列塔尼可可黄油饼干：将无盐黄油、细砂糖和盐之花在大碗中搅拌至浓稠的乳霜状，将蛋黄一个个放入，然后依次加入过筛的面粉、泡打粉和可可粉，将所有材料混合，揉和成面团，盖上保鲜膜，放入冰箱冷藏过夜。

2. 当天制作柠檬奶油酱：将明胶在放有冰块的水中浸软；鸡蛋打散；将细砂糖和柠檬汁隔水加热至细砂糖完全融化，加入蛋液，快速搅拌10~15分钟至浓稠。将明胶中的水分尽量挤干，放入从隔水加热容器中取出的混合物中，再倒入碗里，放入一半的室温回软的无盐黄油，搅拌均匀后放入冰箱冷藏15分钟。取出后放入剩余的黄油，搅拌至浓稠光亮。将做好的柠檬奶油酱填入装有圆形裱花嘴的裱花袋中，放入冰箱冷藏备用。

3. 将烤箱预热至180℃，烤盘内铺烤盘纸，在直径7厘米的圆形切模内刷匀黄油。

4. 将面团擀成5毫米厚的圆片，用切模压出圆形后摆放在烤盘内，之间留出几毫米的空隙。放入烤箱烤15~20分钟至饼干摸起来硬实。从烤箱中取出后在网架上放凉。

5. 用裱花袋在每块饼干上挤出柠檬奶油酱小球作为装饰，放入冰箱冷藏，食用前取出，搭配新鲜的覆盆子和草莓一同食用。

 大厨小贴士 可以使用葡萄柚汁、青柠汁或百香果汁代替柠檬汁。

巧克力覆盆子布列塔尼饼干
Sablés bretons chocolat-framboise

▌35块

难易度：★ ☆ ☆
准备时间：1小时
冷藏时间：40分钟
制作时间：10分钟

▌原料：

布列塔尼饼干
- 室温回软的有盐黄油 160克
- 糖粉 140克
- 蛋黄 3个
- 过筛的面粉 210克
- 过筛的泡打粉 5.5克

巧克力慕斯
- 黑巧克力（可可脂含量70%）150克
- 鲜奶油 270毫升
- 细砂糖 75克
- 蛋黄 4个

装饰
- 覆盆子果酱适量
- 覆盆子 250克

▌做法：

1. 布列塔尼饼干：将有盐黄油和糖粉在大碗中搅拌至浓稠的乳霜状，将蛋黄一个个加入，然后依次放入过筛的面粉和泡打粉，混合并揉和成面团，盖上保鲜膜，放入冰箱冷藏20分钟。

2. 将烤箱预热至180℃，烤盘内铺烤盘纸。

3. 操作台撒薄面，将面团擀成2毫米厚的薄片。将直径6厘米的圆形压模中刷匀黄油，在面皮上压出圆形，摆放于烤盘内，之间留出几毫米的空隙。放入烤箱烤10分钟至饼干摸起来硬实。取出后在网架上放凉。

4. 巧克力慕斯：将巧克力切碎后放入碗中，隔水加热至融化，离火。将鲜奶油和细砂糖打发至凝固且不会从搅拌器上滴落。将1/3的鲜奶油和蛋黄一起倒入融化的巧克力中快速搅拌。将慕斯填入装有星形裱花嘴的裱花袋中，放入冰箱冷藏20分钟。

5. 用小茶匙在每块布列塔尼饼干的中间薄薄地铺一层覆盆子果酱，再用裱花袋在果酱上面挤出巧克力慕斯玫瑰花饰，最后摆上一颗新鲜的覆盆子即可。将饼干放入冰箱冷藏，食用前取出即可。

大厨小贴士　可以使用覆盆子果冻代替覆盆子果酱。

巧克力橙味双色饼干

Cookies au chocolat et à l'orange

▍**20块**

难易度：★ ☆ ☆
准备时间：15分钟
制作时间：7~8分钟
冷藏时间：15分钟

▍原料：

• 室温回软的无盐黄油 100克
• 细砂糖 40克
• 切成碎末的橙皮 1/2个
• 过筛的面粉 125克
• 过筛的泡打粉 2.5克
• 黑巧克力 100克

▍做法：

1. 将烤箱预热至190℃，烤盘内刷匀黄油。

2. 将室温回软的无盐黄油在碗中用橡皮刮刀搅拌至浓稠的膏状，慢慢加入细砂糖和橙皮末，搅拌至混合物颜色变淡，倒入过筛的面粉和泡打粉，用2个汤匙制作出核桃大小的面团，摆放在烤盘中，将叉子沾冷水（避免粘附面团），用叉子背面将面团压扁。

3. 放入烤箱烤七八分钟，呈漂亮的金黄色后取出，在网架上放凉。

4. 将黑巧克力切碎后放入碗中，隔水加热至融化，离火后，将每块饼干的一半浸入融化的巧克力中，再摆放在烤盘纸上，放入冰箱冷藏15分钟至巧克力完全凝固。

巧克力饼干
Sablés au chocolat

35块

难易度：★ ☆ ☆
准备时间：30分钟
冷藏时间：20分钟
制作时间：15分钟

原料：
• 冷藏的有盐黄油 200克
• 巧克力 50克
• 面粉 200克
• 无糖可可粉 25克
• 粗粒红糖 80克
• 蛋黄 1个

大厨小贴士

可以使用白巧克力和黑巧克力制作双色饼干。

做法：

1. 将烤箱预热至180℃，烤盘内铺一张烤盘纸。

2. 将有盐黄油切成小方块。将巧克力切细碎。将面粉、可可粉和粗粒红糖倒入碗中，加入黄油块，用指尖搅拌至混合物成面屑状，倒入蛋黄和巧克力碎，混合均匀。

3. 将面团分成两半，擀成2条直径为3厘米的长形面团，放入冰箱冷藏20分钟。取出后切成1厘米厚的圆形薄片，摆放在烤盘内，放入烤箱烤15分钟，取出后在烤盘中放凉。

干炸巧克力马斯卡普尼软心小麦丸

Semoule en beignets

▌ 12个

难易度：★★☆

准备时间：2小时30分钟
冷藏时间：2小时
浸泡时间：30分钟
制作时间：45分钟

▌ 原料：

巧克力马斯卡普尼软心
- 黑巧克力 100克
- 马斯卡普尼干酪 100克

牛奶粗麦面糊
- 牛奶 300毫升
- 香草荚 1根
- 粗粒小麦粉 25克
- 细砂糖 25克
- 苦杏仁精数滴
- 杏仁粉适量

裹粉
- 去皮杏仁 100克
- 面包屑 100克
- 打散的鸡蛋 2个

- 油炸用油 1/2升
- 细砂糖适量

▌ 做法：

1. 巧克力马斯卡普尼软心：将黑巧克力隔水加热至融化，放至微温后倒入马斯卡普尼干酪，混合均匀后放入冰箱冷藏至凝固，取出后揉成12个小球，再放入冰箱冷藏1小时。

2. 牛奶粗麦面糊：将牛奶和用刀剖成两半并用刀尖刮下籽的香草荚放入平底深锅中加热至沸腾，离火后盖上盖子，让香草荚浸泡30分钟，捞弃香草荚，再次将牛奶煮沸，离火后慢慢倒入粗麦粉，用木勺不断搅拌，加入细砂糖，滴入苦杏仁精，再次加热至沸腾，期间不断搅拌。将混合物用极微弱的火熬煮20分钟，不停搅拌，避免粘锅。将熬煮好的面糊倒入烤盘或烤模中，与边缘齐平，然后放凉。

3. 将冷却的牛奶粗麦面糊均匀地分为12份，每份中包入巧克力马斯卡普尼小球，揉成小丸子后裹上杏仁粉，使小丸子不粘手。

4. 裹粉：将去皮杏仁粗切碎，与面包屑混合。将粗麦小丸子在蛋液中挂浆，然后在面包屑和杏仁粉的裹粉中滚一圈，放入冰箱冷藏至少30分钟。

5. 将油倒入油炸锅中，加热至200℃，放入三四个小丸子油炸3~5分钟至金黄酥脆，将炸好的小丸子放在吸油纸上，再滚上一层细砂糖。重复上述步骤油炸剩余的小丸子，即可食用。

大厨小贴士 可以将巧克力马斯卡普尼软心放入冰箱冷冻2小时，会更容易包入粗麦面糊中。

巧克力意大利宽面配香橙沙拉
Tagliatelles au chocolat et salade d'orange

▎ 4人份

难易度：★★☆
准备时间：1小时
冷藏时间：1小时30分钟
静置时间：30分钟
制作时间：10分钟

▎ 原料：

巧克力意大利宽面
- 过筛的面粉 200克
- 盐 1小撮
- 鸡蛋 2个
- 糖粉 40克
- 无糖可可粉 40克
- 水 2~3大匙

香橙沙拉
- 香橙 4个
- 细砂糖 2大匙
- 石榴糖浆 2大匙
- 橘子果酱 1大匙
- 君度香橙 2大匙

- 水 1.5升
- 细砂糖 200克
- 香草粉适量

装饰
- 新鲜薄荷叶适量

▎ 做法：

1. 巧克力意大利宽面：将过筛的面粉和盐倒入碗中，用手在中间压出凹槽。另碗将鸡蛋打散，在上面筛入糖粉、可可粉，混合均匀后倒入水。将上述混合物倒入凹槽中混合均匀，揉和成面团至不再粘手，继续揉成光滑的面团，裹上保鲜膜，放入冰箱冷藏1小时30分钟。

2. 操作台上撒薄面，将面团分成3份，分别擀成3毫米的薄片，每片上都撒薄面，摞在一起后切成正方形，压紧贴在一起后卷起，切成1厘米的宽条，展开后即成意大利宽面，在茶巾上干燥30分钟。

3. 香橙沙拉：将2个香橙榨汁，将橙汁倒入平底深锅中，加入细砂糖后煮沸，离火后倒入石榴糖浆、橘子果酱和君度香橙，放凉备用。

4. 用锋利的小刀将2个橙子的外皮削去，沿着橙子的弧度切除果皮和白色的筋络部分，再用刀将果肉和筋膜分割开，放入糖浆中，在冰箱中冷藏备用。

5. 将水、细砂糖和香草粉煮沸，放入巧克力意大利宽面浸泡10分钟至熟，将面条沥干后小心地倒入香橙沙拉中，分装在4个汤盘中，用薄荷叶片装饰即可。

榛子巧克力瓦片饼干
Tuiles chocolat-noisettes

▌30块

难易度：★ ☆ ☆
准备时间：30分钟
冷藏时间：20分钟
制作时间：6~8分钟

▌原料：

- 室温回软的无盐黄油 50克
- 糖粉 100克
- 蛋清 2个
- 过筛的面粉 40克
- 过筛的无糖可可粉 10克
- 烘烤后切碎的榛子 200克

▌做法：

1. 将烤箱预热至180℃，烤盘内铺一张烤盘纸。

2. 将室温回软的无盐黄油和糖粉在碗中搅打至浓稠的乳霜状，慢慢加入蛋清，混合均匀，然后倒入过筛的面粉和可可粉，放入冰箱冷藏20分钟。

3. 将面糊在烤盘中铺开，摊成直径约6厘米的圆形薄片后，撒榛子碎，放入烤箱烤6~8分钟。

4. 将饼干从烤箱中取出，从烤盘纸上分离，趁未变硬前放在擀面杖上，略微弯曲，做成瓦片饼干的形状。

> **大厨小贴士**
>
> 每位面点大厨必备的一件工具就是一把干净的三角刮刀，可以轻松地将瓦片饼干铲起，与烤盘纸分离。如果没有擀面杖，也可以用瓶子代替。

巧克力瓦片饼干
Tuiles en chocolat

▌ 15块

难易度：★ ★ ☆

准备时间：35分钟

冷却时间：15~25分钟

▌ 原料：

• 黑巧克力 250克

• 烘烤过的杏仁片 100克

• 烘烤过的核桃碎适量

参考第279页巧克力调温的正确方法。

▌ 大厨
小贴士

巧克力瓦片饼干适合在气候温和的时候制作，那样巧克力的操作会相对容易。按照第279页制作调温巧克力时，可以将黑巧克力换成白巧克力或者牛奶巧克力。

▌ 做法：

1. 将厚塑料片裁切成长30厘米、宽12厘米的长条，准备好毛刷、擀面杖和胶带。

2. 按照以下方法和步骤为巧克力调温，以达到最佳的制作效果：将黑巧克力粗切碎，将其中的2/3放入碗中隔水加热至融化，当烹饪温度计显示为45℃时，将巧克力从隔水加热的容器中取出，放入剩余的1/3的巧克力，搅拌均匀并冷却至27℃，再次将碗放入隔水加热的容器中，加热至32℃，期间不停搅拌。

3. 用毛刷将调温巧克力在塑料长条上涂抹成直径8厘米、厚度二三毫米的圆形，撒烤过的杏仁片，再用胶带将塑料长条固定在擀面杖上，使塑料长条成弯曲状。分4次重复上述步骤，将4片塑料长条叠在一起后，室温下放置15~25分钟，至巧克力凝固。将塑料长条取下来，小心地取出巧克力瓦片饼干，装在密封的盒子中放置于干燥的地方保存（温度不超过12℃）。

甜蜜入心的糖果

Tendres friandises

制作杏仁糖膏的正确方法

Le bon geste pour faire une pâte de pralin

可根据所选食谱（例如第316页）制作230克杏仁糖膏。

① 将30毫升水和150克细砂糖在平底深锅中加热至沸腾，倒入75克去皮杏仁、75克去皮榛子，用木勺搅拌，离火后继续搅拌至杏仁和榛子表面裹上一层糖霜，再次开火，将糖再次加热至融化。

② 待果仁呈焦糖色并发出响声时，将其倒入提前刷好油的烤盘中，放凉。

③ 将焦糖坚果敲碎成小块，放入食物加工机中磨碎成很细的粉末并变成软膏状（期间需不时停下加工机，用橡皮刮刀混合搅拌）。

巧克力调温
的正确方法

Le bon geste pour
tempérer le chocolat

可根据所选食谱（例如第289页或第314页）调整黑巧克力的使用分量。

① 将300克黑巧克力（最好使用涂层巧克力）切碎。将2/3的黑巧克力隔水加热至融化，注意不要让碗底碰到微滚的水，不要让巧克力沸腾，也不要让巧克力沾到水，以免巧克力失去光泽和顺滑度。

② 当烹饪温度计显示为45℃时，将巧克力从隔水加热的容器中取出，倒入剩余的巧克力碎，放凉，期间不时用木勺搅拌。

③ 当巧克力的温度下降到27℃时，再次将巧克力隔水加热，轻轻搅拌，至温度上升到32℃，当巧克力顺滑并呈现出光泽，即表示可以用于塑型、制作刨花或粘裹糖果。

关于牛奶巧克力的调温，让巧克力融化至45℃，放凉至26℃后再次加热至29℃；白巧克力则是让巧克力融化至40℃，放凉至25℃，再次加热至28℃

巧克力塑型的
正确方法

Le bon geste pour
mouler des bonbons
en chocolat

可根据所选食谱（例如第294页）为巧克力调
温、制作巧克力淋酱和选择模具。

① 操作台铺一张厚玻璃纸或巧克力专用纸，将手中
的模具倾斜，用大汤勺为模具填满调温巧克力。

② 在操作台上敲打模具去除巧克力中的气泡，然后
倒扣，让多余的巧克力流下来，用三角刮刀刮
除模具表面多余的巧克力，只在模具的内部留下巧克
力，表面必须保持干净，室温下凝固30分钟。

③ 将巧克力淋酱填入装有圆形裱花嘴的裱花袋中，
在模具中填入巧克力淋酱至3/4处，不要触碰到

已凝固的巧克力边缘，放入冰箱凝固20分钟。

④ 更换铺在操作台上的巧克力专用纸。将模具倾斜，再次用大汤勺将调温巧克力倒入模具中，将模具中的巧克力淋酱完全覆盖。

⑤ 再次用三角刮刀刮除模具的表面，使巧克力平整均匀地覆盖在模具上，放入冰箱凝固20分钟。

⑥ 待巧克力凝固后，将模具倒扣，在操作台轻磕，让巧克力糖果脱模。

包裹巧克力脆皮的正确方法

Le bon geste pour enrober des bonbons en chocolat

可根据所选食谱（例如第298页、第332页或第330页）制作巧克力淋酱，塑成小球状后冷藏至凝固。

① 将巧克力淋酱小球从冰箱中取出，室温下回软（理想温度为18~22℃），将无糖可可粉倒入较深的平底容器中。制作足够分量的调温巧克力（参考第279页）。准备一把普通的叉子或者巧克力叉（环状或锯齿状）。

② 将叉子伸到巧克力小球下方，轻轻地将小球浸入调温巧克力中，取出后放在碗上沥干，小心地晃动，让叉子下方多次擦过碗边以除去多余的巧克力，形成光滑的表层。

③ 用叉子将巧克力球在可可粉中轻轻滚动，在室温下凝固10分钟，待脆皮成形后，放入滤网中轻轻摇，去除多余的可可粉。

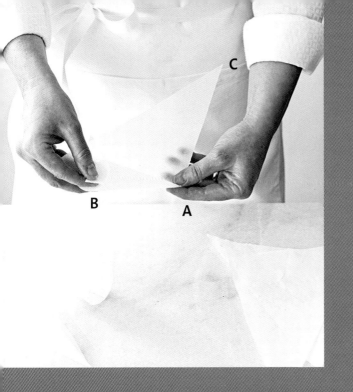

C

B   A

制作圆锥形纸袋用于装饰的正确方法

Le bon geste pour fabriquer un cornet et décorer des desserts

可根据所选食谱（例如第286页）调整所用巧克力的分量。

① 将烤盘纸裁成直角三角形，直角边分别为20厘米和30厘米。拿着三角形烤盘纸，直角朝向左上方。在这里将直角称为A，右上方的角为B，另一个角为C。从角B卷向直角A，形成圆锥形，让尖端在三角形的斜边上，再从上方将角C卷过来，尽可能卷成顶端很尖的圆锥形纸袋，将角C的尖端向纸袋的内部折叠，避免纸袋散开变形。

② 用汤匙在圆锥形纸袋中填入微温的调温巧克力。

③ 将圆锥形纸袋的宽口上部向下折叠后封起，挤压上部使巧克力堆积在尖端处，保持压力将纸袋拉紧，使用前根据需要的大小将尖端处剪掉，即可为甜点做装饰。

巧克力阿布基尔杏仁

Amandes Aboukir au chocolat

▌ 20个

难易度：★ ★ ☆
准备时间：45分钟
静置时间：30分钟

▌ 原料：

• 黄色杏仁膏 200克
• 烘烤的完整去皮白杏仁 20颗

巧克力脆皮

• 黑巧克力 300克

参考第279页巧克力调温的正确方法。

▌ 做法：

1. 将黄色杏仁膏揉搓成直径2厘米的圆柱状长条，切成20个大约10克的小块。戴上处理食物的专用塑料手套，将杏仁膏做成椭圆形，将烘烤后的整颗杏仁沿着较长的方向摆在椭圆形的杏仁膏上，轻轻按压固定。

2. 巧克力脆皮：按照以下方法和步骤为黑巧克力调温，以达到最佳的制作效果。将黑巧克力粗切碎，将其中的2/3放入碗中，隔水加热至融化，当烹饪温度计显示为45℃时，将巧克力从隔水加热的容器中取出，放入剩余的1/3的巧克力，搅拌均匀并冷却至27℃，再次将碗放入隔水加热的容器中，加热至32℃，期间不停搅拌。

3. 烤盘内铺一张烤盘纸，将牙签插入阿布基尔杏仁和杏仁膏，将3/4浸入调温巧克力中，然后摆放在烤盘上，室温下凝固30分钟。

4. 抽出牙签，将做好的巧克力阿布基尔杏仁放入密封的盒子中保存在阴凉处（温度最高不超过12℃），15天内食用完毕。

大厨小贴士

可以做成不同颜色的杏仁膏，只需要使用原色的杏仁膏和食用色素，即可做出自己喜欢颜色的杏仁膏。

安娜贝拉巧克力软心糖果
Bonbons Annabella

30个

难易度：★★☆
浸渍时间：1个晚上
准备时间：1小时30分钟

原料：
• 葡萄干 40克
• 朗姆酒 20毫升
• 杏仁膏 150克
• 糖粉适量

巧克力脆皮
• 白巧克力 300克

装饰
• 黑巧克力 50克

参考第279页巧克力调温的正确方法。

做法：

1. 制作前一晚，将葡萄干浸泡于朗姆酒中。

2. 制作当天，将浸泡过朗姆酒的葡萄干和杏仁膏混合。操作台上撒糖粉，戴上处理食品的专用塑料手套，将杏仁膏分成2块，揉搓成2个圆柱状长条。将长条杏仁膏切成宽约1厘米的小块（每块10~15克），用手揉成小球，摆在盘中。

3. 巧克力脆皮：按照以下方法和步骤为白巧克力调温，以达到最佳的制作效果：将白巧克力粗切碎，将其中的2/3放入碗中，隔水加热至融化，当烹饪温度计显示为40℃时，将巧克力从隔水加热的容器中取出，放入剩余的1/3的巧克力，搅拌均匀并冷却至25℃，再次将碗放入隔水加热的容器中，加热至28℃，期间不停搅拌。

4. 用烤盘纸做成圆锥形纸袋（参考第283页）。将黑巧克力隔水加热至融化。再次戴上手套，将每颗杏仁膏小球浸入调温的白巧克力中轻轻晃动，除去多余的巧克力，摆放在烤盘纸上，待白巧克力凝固。将圆锥形纸袋填入融化的黑巧克力，将上部的宽口向下折叠封起，挤压纸袋将巧克力堆积在尖端，待巧克力脆皮开始凝固时，将纸袋的尖端剪掉，用黑巧克力在小球上挤出条纹装饰。

> **大厨小贴士**
> 可以用小茶匙浸入黑巧克力中，为安娜贝拉巧克力软心糖果淋出条纹。也可用裹上可可粉的经典松露巧克力与安娜贝拉软心巧克力糖果搭配装盘，一同食用。

焦糖巧克力软糖
Caramels mous au chocolat

┃ 25块

难易度：★★★
准备时间：30分钟
冷藏时间：2小时

┃ 原料：

• 黑巧克力 80克
• 鲜奶油 250毫升
• 细砂糖 250克
• 蜂蜜 75克
• 无盐黄油 25克

大厨小贴士

若没有四方空心模，可以使用方形模具代替；为脱模时方便，可铺大于四边的保鲜膜。

┃ 做法：

1. 将巧克力切碎后放入碗中。

2. 将鲜奶油在平底深锅中煮沸，离火备用。将50克细砂糖在另一平底深锅中熬煮，不时用木勺搅拌，待呈琥珀般的焦糖色时，慢慢加入鲜奶油搅拌混合，再倒入剩余的细砂糖，持续搅拌至顺滑的焦糖（注意勿将焦糖烧糊）。

3. 用湿润的木勺将蜂蜜拌入奶油焦糖中，将焦糖再度加热至烹饪温度计显示为114℃，倒入适量巧克力碎，搅拌均匀后再慢慢混入剩余的巧克力和无盐黄油。

4. 在边长18厘米的四方空心模中铺一张烤盘纸，倒入巧克力焦糖，放入冰箱冷藏2小时。

5. 取出后，用刀划过模具内壁，脱模后将焦糖巧克力软糖切成个人喜欢的大小。

皇家巧克力酒香樱桃
Cerisettes royales

▌30颗

难易度：★★☆

沥干时间：1个晚上

准备时间：30分钟

静置时间：30分钟

▌原料：

• 带柄的浸泡蒸馏酒的樱桃
  300克

巧克力脆皮

• 黑巧克力 350克

参考第279页巧克力调温的正确方法。

参考第279页巧克力调温的正确方法。

▌做法：

1. 制作前一晚，将蒸馏酒樱桃沥干后晾干过夜。

2. 当天制作巧克力脆皮：按照以下方法和步骤为黑巧克力调温，以达到最佳的制作效果：将黑巧克力粗切碎，将其中的2/3放入碗中，隔水加热至融化，当烹饪温度计显示为45℃时，将巧克力从隔水加热的容器中取出，放入剩余的1/3的巧克力，搅拌均匀并冷却至27℃，再次将碗放入隔水加热的容器中，加热至32℃，期间不停搅拌。

3. 拿住樱桃柄，将其浸入调温巧克力中，轻轻晃动去除多余的巧克力，摆放在烤盘中，室温下凝固30分钟。

> **大厨小贴士**
>
> 为保持调温巧克力顺滑的状态，一定要将包裹巧克力的樱桃存放于室温下。

香橙巧克力球
Chardons orange

▌ 30个

难易度： ★★☆
准备时间： 20分钟+1小时
静置时间： 1个晚上

▌ 原料：

• 糖渍香橙 45克
• 杏仁膏 200克
• 樱桃酒 1大匙
• 糖粉适量

巧克力脆皮

• 黑巧克力 350克

参考第279页巧克力调温的正确方法。

▌ 做法：

1. 制作前一晚，将糖渍香橙切细碎，与杏仁膏和樱桃酒混合，搅拌均匀。操作台上撒糖粉，戴上处理食物的专用塑料手套。将混合好的杏仁膏分成2块，揉搓成2个圆柱状长条，再切成宽约1厘米的小块（每块约15克），用双手揉成小球，摆在盘中，晾干过夜。

2. 制作当天，在烤盘中铺一张烤盘纸。

3. 巧克力脆皮：按照以下方法和步骤为黑巧克力调温，以达到最佳的制作效果：将黑巧克力粗切碎，将其中的2/3放入碗中，隔水加热至融化，当烹饪温度计显示为45℃时，将巧克力从隔水加热的容器中取出，放入剩余的1/3的巧克力，搅拌均匀并冷却至27℃，再次将碗放入隔水加热的容器中，加热至32℃，期间不停搅拌。

4. 再次戴上手套，将杏仁小球浸入调温巧克力中，室温下凝固后再次用调温巧克力包裹，轻轻晃动去除多余的巧克力，摆在网架上。当巧克力开始凝固，轻晃网架，做出山峰状的外层。将做好的巧克力球摆在烤盘中，室温下凝固30分钟，然后放入密封盒中保存。

开心果巧克力球
Chardons pistache

▌40个

难易度：★★☆
准备时间：20分钟+1小时
静置时间：1个晚上

▌原料：

开心果软心糖

- 水 1大匙
- 细砂糖 20克
- 淡味蜂蜜 5克
- 开心果 35克
- 杏仁膏 200克
- 室温回软的无盐黄油 20克
- 朗姆酒 1/2大匙
- 糖粉适量

巧克力脆皮

- 黑巧克力 400克

参考第279页巧克力调温的正确方法。

▌做法：

1. 前一晚制作开心果软心糖：将水、细砂糖和蜂蜜煮沸成为糖浆。用搅拌器将开心果研磨成极细的粉末，混入糖浆中，持续搅拌至顺滑并成为膏状。将开心果与杏仁膏、室温回软的无盐黄油和朗姆酒混合均匀。操作台上撒糖粉，戴上处理食物的专用塑料手套，将开心果杏仁膏切成2块，揉搓成2个30厘米的圆柱状长条后，切成约2厘米长的小块，再用手滚搓成小球，摆入盘中，晾干过夜。

2. 制作当天，在烤盘中铺一张烤盘纸。

3. 巧克力脆皮：按照以下方法和步骤为黑巧克力调温，以达到最佳的制作效果。将黑巧克力粗切碎，将其中的2/3放入碗中，隔水加热至融化，当烹饪温度计显示为45℃时，将巧克力从隔水加热的容器中取出，放入剩余的1/3的巧克力，搅拌均匀并冷却至27℃，再次将碗放入隔水加热的容器中，加热至32℃，期间不停搅拌。

4. 再次戴上手套，将巧克力球浸入调温巧克力中，室温下凝固，然后再用调温巧克力包裹。轻轻晃动巧克力球除去多余的巧克力，摆放在网架上，凝固后，在网架上轻轻滚动塑出山峰的外层。将做好的开心果巧克力球摆在烤盘中，室温下凝固30分钟，然后存放于密封盒中。

香蕉钻石巧克力糖
Chocolats moulés à la banane

30块

难易度：★★★
准备时间：1小时
制作时间：10分钟
冷藏时间：40分钟

原料：

香蕉巧克力淋酱
- 蜂蜜 50克
- 无盐黄油 10克
- 香蕉 1/2根（约75克）
- 牛奶巧克力 65克
- 黑巧克力 35克
- 鲜奶油 50毫升

巧克力脆皮
- 黑巧克力 400克

参考第280页为巧克力塑型的正确方法。

做法：

1. 香蕉巧克力淋酱：将蜂蜜和无盐黄油在平底深锅中加热。将香蕉压成泥，加入蜂蜜黄油中熬煮为果泥，离火备用。将牛奶巧克力和黑巧克力粗切碎后放入碗中。将鲜奶油煮沸后倒入巧克力碎中，混合均匀后倒入香蕉泥中，静置待香蕉巧克力淋酱浓稠。

2. 巧克力脆皮：按照以下方法和步骤为黑巧克力调温，以达到最佳的制作效果。将黑巧克力粗切碎，将其中的2/3放入碗中，隔水加热至融化，当烹饪温度计显示为45℃时，将巧克力从隔水加热的容器中取出，放入剩余的1/3的巧克力，搅拌均匀并冷却至27℃，再次将碗放入隔水加热的容器中，加热至32℃，期间不停搅拌。

3. 用调温巧克力填满巧克力模，在操作台上轻磕模具赶走巧克力中的气泡，倒扣过来让多余的巧克力流下，仅保持模具内壁附着巧克力，将模具表面多余的巧克力刮除，保持边缘干净，室温下凝固30分钟。将冷却后的香蕉巧克力淋酱填入装有圆形裱花嘴的裱花袋中，挤入模具中约3/4处，放入冰箱凝固20分钟。取出后，在模具上再覆盖一层调温巧克力，将香蕉巧克力淋酱覆盖，刮除表面多余的调温巧克力，保持干净，再次放入冰箱冷藏20分钟，待巧克力凝固后取出，倒扣模具，在操作台上轻磕脱模。

大厨小贴士 将香蕉在蜂蜜和无盐黄油中熬煮，可以用朗姆酒进行焰烧后再压成果泥，使口味更加浓醇。

柠檬茶巧克力球
Chocolats au thé citron

▌50个

难易度：★★☆
准备时间：1小时
浸泡时间：15分钟
冷藏时间：50分钟

▌原料：

柠檬茶巧克力淋酱
- 水 50毫升
- 柠檬茶包 2包
- 鲜柠檬汁 2个
- 牛奶巧克力 240克
- 黑巧克力 80克
- 蛋黄 2个
- 细砂糖 100克
- 鲜奶油 50毫升

巧克力脆皮
- 黑巧克力 400克
- 糖粉适量
- 切细碎的黄柠檬皮 3个

参考第282页包裹巧克力脆皮的正确方法。

▌做法：

1. 柠檬茶巧克力淋酱：将水烧开，放入茶包，浸泡15分钟后用漏斗形筛网过滤为20~30毫升（相当于2大匙）的柠檬茶水，放入鲜柠檬汁，备用。将巧克力切细碎后放入碗中。用搅拌器搅打蛋黄和一半的细砂糖。将鲜奶油、柠檬茶和剩余的细砂糖加热至沸腾，再倒入蛋黄和细砂糖的混合物中快速搅拌。将混合物倒入平底深锅中小火熬煮，用木勺不断搅拌至浓稠并附着于勺背（注意勿将奶油酱煮沸）。将奶油酱倒入巧克力碎中，用搅拌器慢慢地搅拌至顺滑浓稠，将做好的柠檬茶巧克力淋酱放入冰箱冷藏约30分钟至凝固。

2. 用茶匙或装有圆形裱花嘴的裱花袋将柠檬茶巧克力淋酱做成小球，放入冰箱冷藏。

3. 巧克力脆皮：按照以下方法和步骤为黑巧克力调温，以达到最佳的制作效果。将黑巧克力粗切碎，将其中的2/3放入碗中，隔水加热至融化，当烹饪温度计显示为45℃时，将巧克力从隔水加热的容器中取出，放入剩余的1/3的巧克力，搅拌均匀并冷却至27℃，再次将碗放入隔水加热的容器中，加热至32℃，期间不停搅拌。

4. 在平底的容器中装满糖粉，混入柠檬皮碎末。从冰箱中取出已经凝固变硬的柠檬茶巧克力淋酱小球。准备一把叉子（或巧克力专用叉），叉上小球后浸入调温巧克力中，轻磕碗边后慢慢晃动，去除多余的巧克力；放入糖粉和柠檬碎末的混合物中滚一下，放在网架上塑型。当巧克力变硬时，在筛网中轻轻晃动以去除多余的糖粉，然后放入密封盒中保存。

抹茶巧克力球

Chocolats au thé vert matcha

▌50个

难易度： ★ ★ ☆
准备时间： 1小时
冷藏时间： 50分钟

▌原料：

抹茶巧克力淋酱

- 牛奶巧克力 240克
- 黑巧克力 80克
- 蛋黄 2个
- 细砂糖 100克
- 鲜奶油 100毫升
- 抹茶粉 1/4小匙

巧克力脆皮

- 黑巧克力 400克
- 无糖可可粉适量

参考第279页巧克力调温的正确方法。

▌做法：

1. 抹茶巧克力淋酱：将牛奶巧克力和黑巧克力切细碎后放入碗中。另碗用搅拌器搅打蛋黄和细砂糖至发白浓稠。将鲜奶油和抹茶粉在平底深锅中煮沸，将其中一部分倒入蛋黄和细砂糖的混合物中快速搅拌。将混合物倒入装有剩余鲜奶油和抹茶粉的平底深锅中，小火熬煮，用木勺不断搅拌至浓稠并附着于勺背（注意勿将奶油酱煮沸），离火，将奶油酱倒入巧克力碎中，慢慢搅拌至顺滑浓稠，放入冰箱冷藏30分钟至凝固。

2. 用茶匙或装有圆形裱花嘴的裱花袋将抹茶巧克力淋酱做成小球，放入冰箱冷藏。

3. 巧克力脆皮：按照以下方法和步骤为黑巧克力调温，以达到最佳的制作效果。将黑巧克力粗切碎，将其中的2/3放入碗中，隔水加热至融化，当烹饪温度计显示为45℃时，将巧克力从隔水加热的容器中取出，放入剩余的1/3的巧克力，搅拌均匀并冷却至27℃，再次将碗放入隔水加热的容器中，加热至32℃，期间不停搅拌。

4. 在平底的容器中装满可可粉。从冰箱中取出已经凝固变硬的抹茶巧克力淋酱小球。戴上处理食物的专用塑料手套或准备一把叉子，将小球浸入调温巧克力中，轻磕碗边后慢慢晃动，去除多余的巧克力，放入可可粉中滚一下。当巧克力变硬时，在筛网中轻轻晃动以去除多余的可可粉，然后放入密封盒中保存。

朗姆酒味葡萄干巧克力软糖

Confiseries au chocolates, au rhum et aux raisins

▍20块

难易度： ★ ☆ ☆
浸渍时间： 1个晚上
准备时间： 30分钟
冷藏时间： 2小时

▍原料：

- 葡萄干 30克
- 朗姆酒 50毫升
- 细砂糖 170克
- 葡萄糖（或淡味蜂蜜）60克
- 鲜奶油 140毫升
- 无盐黄油 15克
- 黑巧克力 80克

▍做法：

1. 制作前一晚，将葡萄干浸泡在朗姆酒中过夜。

2. 制作当天，在长20厘米、宽16厘米的模具中刷匀黄油并撒薄面。

3. 将细砂糖、葡萄糖（或淡味蜂蜜）在平底深锅中加热至烹饪温度计显示为120℃，离火后倒入沥干朗姆酒的葡萄干，让混合物放凉至60℃，期间不要搅拌。

4. 将巧克力粗切碎后放入碗中，隔水加热至融化，离火。待之前做好的混合物冷却后，放入融化的巧克力中，小心搅拌至混合物浓稠且不透明（不要过度搅拌否则会形成透明的结晶）。倒入模具中，均匀地铺开，放入冰箱冷藏2小时至凝固。

5. 将模具从冰箱中取出，脱模后切成4厘米的正方形，室温干燥数小时后，放入密封盒中保存。

大厨小贴士

为了方便切块，可将刀提前浸泡在热水中。这里使用的葡萄糖是一种不结晶的液态糖，可以使糖变得更柔软。甜点专卖店、巧克力供应商或者网店有售。

酥脆糖杏仁巧克力
Croustillants aux amandes

20块

难易度：★ ★ ★
准备时间：1小时15分钟
冷却时间：10分钟

原料：

酥脆巧克力软心糖

- 水 30毫升
- 细砂糖 150克
- 去皮杏仁 75克
- 去皮榛子 75克
- 牛奶巧克力 75克
- 法式薄脆碎片 50克

焦糖杏仁

- 水 1大匙
- 细砂糖 10克
- 去皮杏仁 35克
- 无盐黄油 5克

巧克力脆皮

- 牛奶巧克力 400克

做法：

1. 酥脆巧克力软心糖：将水和细砂糖在平底深锅中煮沸，倒入去皮杏仁和榛子，用木勺搅拌，离火后持续搅拌至坚果表面形成白色的糖霜。将平底深锅再次加热，小火熬煮至焦糖化且果仁开始发出响声，离火。将焦糖果仁倒在刷过油的烤盘纸上，放凉后将其敲碎，倒入食品加工机中研磨至很细的粉末并变成膏状（期间需不时停下加工机，用橡皮刮刀混合粉末以达到理想效果）。将杏仁糖膏倒入碗中。将牛奶巧克力隔水加热至融化，倒入杏仁糖膏中，再加入法式薄脆碎片，轻轻搅拌均匀。将混合物倒入长18厘米、宽14厘米的长方形模具中，用橡皮刮刀铺开整平，放入冰箱冷藏备用。

2. 焦糖杏仁：将水和细砂糖在平底深锅中加热至沸腾，继续熬煮5分钟至烹饪温度计显示为117℃，离火。加入去皮杏仁，持续搅拌至杏仁表面形成白色的糖霜。将平底深锅再次加热，小火熬煮至焦糖化后放入无盐黄油。将焦糖杏仁铺在烤盘纸上，用橡皮刮刀翻搅，使其冷却同时避免杏仁粘连。

3. 巧克力脆皮：制作调温牛奶巧克力（具体做法参考第279页）。

4. 将酥脆巧克力软心糖从冰箱中取出后脱模，用浸泡过热水的刀将其切成长3厘米、宽2厘米的长方形小块，用叉子将糖果一块块浸入调温巧克力中，小心晃动并轻磕碗边去除多余的巧克力，摆在烤盘中，在顶部用焦糖杏仁装饰即可。

大厨小贴士 若没有长方形模具，可以使用体积相同的长方形塑料盒。

脆皮巧克力水果
Fruits enrobés

4~6人份

难易度：★ ☆ ☆
准备时间：20分钟
冷藏时间：15分钟

原料：

• 草莓 250克
• 小柑橘（或柑橘）2个
• 切碎的黑巧克力 185克
• 植物油 1大匙（或根据个人
  喜好）

**大厨
小贴士**

若包裹巧克力时，巧克
力过于浓稠，需再度隔
水加热，但切勿将巧克
力煮沸。本食谱适用于
各种水果，但最好选择
表面干爽且完整的水果
以保持最佳的风味。

做法：

1. 烤盘内铺烤盘纸。将草莓清洗净后沥干水分，保持叶片完整。将
   柑橘削皮，剥成瓣。

2. 将巧克力隔水加热至融化，可选择加入植物油，混合至顺滑的膏
   状。将碗从隔水加热的容器中取出，放在折叠好的茶巾上保持温度。

3. 轻轻捏住草莓的叶片，将2/3浸入巧克力中，小心地轻刮碗边去
   除多余的巧克力，然后摆入盘中。重复上述步骤，用吸水纸将柑
   橘吸干水分后，浸入巧克力中。

4. 当所有水果的3/4都裹上巧克力后，放入冰箱冷藏15分钟。取出
   后不要立即食用，此时水果的风味不足且巧克力太硬口感不好，
   待室温下回温片刻再食用。

开心果白巧克力软糖
Fudges au chocolat blanc et aux pistaches

36块

难易度：★ ☆ ☆
准备时间：20分钟
冷藏时间：2小时

原料：

• 白巧克力 200克
• 无盐黄油 20克
• 鲜奶油 150毫升
• 淡味蜂蜜 50克
• 细砂糖 125克
• 切碎的开心果 80克

做法：

1. 在边长为18厘米的正方形模具内铺烤盘纸。

2. 将白巧克力切碎后和无盐黄油一起放入碗中。将鲜奶油、蜂蜜和细砂糖煮沸，至烹饪温度计显示为112℃。将混合物倒入巧克力和无盐黄油的混合物中，搅拌至顺滑浓稠，然后倒入开心果碎。

3. 将混合物倒入模具中，放入冰箱冷藏2小时。

4. 待软糖凝固后，从冰箱取出，切成3厘米见方的小块后即可食用。

大厨小贴士

这款开心果白巧克力软糖可以保存1周。

焦糖奶油巧克力咸酥糖

Gros bonbons au chocolat, caramel laitier au beurre demi-sel

┃ 10块

难易度：★★☆

准备时间：30分钟

制作时间：6~8分钟

冷却时间：15分钟

┃ 原料：

- 长条法式薄煎饼 10片
- 黑巧克力 300克
- 鲜奶油 300毫升
- 牛奶 100毫升
- 细砂糖 300克
- 有盐黄油 100克
- 无盐黄油 150克

┃ 做法：

1. 将法式薄煎饼裁切成长20厘米、宽15厘米的长方形。

2. 将巧克力切碎后放入碗中。将鲜奶油和牛奶在平底深锅中煮沸后离火备用。在另一平底深锅中熬煮100克细砂糖，不时用木勺搅拌，待呈琥珀般的焦糖色时停止熬煮，加入一些鲜奶油和牛奶，再倒入剩余的细砂糖，用木勺搅拌至顺滑的焦糖（注意不要将焦糖烧煳）。将焦糖再次加热至烹饪温度计显示为114℃，倒入一部分切碎的巧克力，用木勺搅拌，再慢慢倒入剩余的巧克力碎、有盐黄油和100克无盐黄油。

3. 将混合物倒入盘中，盖上保鲜膜，放入冰箱冷藏15分钟，完全冷却后取出。

4. 将烤箱预热至200℃，在两个烤盘内铺烤盘纸。

5. 将冷却的糖果均匀地切成10等份，在每片法式薄煎饼上摆一块，再像用糖纸裹糖果一样包起来，为将糖果两端封起，可用木夹沾水后夹住。将糖果刷上剩余的无盐黄油，摆入盘中，放入烤箱烤6~8分钟至法式薄煎饼上色后，取出趁热食用即可。

巧克力焦糖栗子

Marrons au chocolat caramélisé

▮ 12个

难易度：★ ★ ☆

沥干时间：1个晚上

准备时间：30分钟

冷却时间：15分钟

▮ 原料：

- 浸泡糖浆的整颗栗子 12个
- 黑巧克力 50克
- 细砂糖 250克
- 水 60毫升
- 淡味蜂蜜 50克

▮ 做法：

1. 制作前一晚，将栗子放在置于大碗上的网架上沥干。

2. 制作当天，将黑巧克力切碎，在烤盘中铺一张烤盘纸。

3. 将12个回形针拉直，弯曲成钩子状，分别插在栗子上。

4. 将细砂糖、水和蜂蜜熬煮至烹饪温度计显示为114℃，倒入切碎的巧克力，混合均匀。

5. 操作台上放约20厘米高的网架，将栗子浸入巧克力焦糖中，钩挂在网架上15分钟，至栗子冷却且巧克力焦糖滴下凝固后形成柄状即可。

巧克力果干坚果拼盘
Mendiants au chocolat noir

30个

难易度：★★☆

准备时间：1小时

■ 原料：

• 黑巧克力 500克

• 榛子 30克

• 切成小块的杏干 60克

• 开心果 60克

• 蔓越莓干 30克

参考第279页巧克力调温的正确方法。

■ 做法：

1. 烤盘内铺一张烤盘纸。

2. 按照以下方法和步骤为黑巧克力调温，以达到最佳的制作效果：将黑巧克力粗切碎，将其中的2/3放入碗中，隔水加热至融化，当烹饪温度计显示为45℃时，将巧克力从隔水加热的容器中取出，放入剩余的1/3的巧克力，搅拌均匀并冷却至27℃，再次将碗放入隔水加热的容器中，加热至32℃，期间不停搅拌。

3. 将调温巧克力填入装有直径4毫米的圆形裱花嘴的裱花袋中，在烤盘中挤出直径为3厘米的圆片。

4. 在巧克力凝固前，迅速在巧克力小圆片上摆放榛子、杏干、开心果和蔓越莓干，室温下凝固30分钟，放入密封盒中保存。

> **大厨小贴士**
>
> 可用其他的果干和坚果制作自己喜欢的巧克力果干坚果拼盘。若没有蔓越莓干，可以用无花果干代替。

肉桂形牛奶巧克力糖
Muscadines au chocolat au lait

┃ 30块

难易度：★★☆
准备时间：1小时
冷藏时间：20分钟

┃ 原料：

牛奶巧克力淋酱
- 牛奶巧克力 200克
- 鲜奶油 80毫升
- 蜂蜜 25克
- 杏仁糖膏 20克（具体做法参考第278页）

巧克力脆皮
- 牛奶巧克力 350克

装饰
- 糖粉适量

参考第279页巧克力调温的正确方法。

┃ 做法：

1. 在烤盘内铺一张烤盘纸。

2. 牛奶巧克力淋酱：将牛奶巧克力切碎后放入碗中。将鲜奶油和蜂蜜在平底深锅中煮沸，然后倒入巧克力碎中，用木勺轻轻搅拌，再加入杏仁糖膏，搅拌均匀后放凉。待冷却后，填入装有12毫米的圆形裱花嘴的裱花袋中，在烤盘中纵向挤出圆柱状长条，放入冰箱冷藏20分钟，取出后用浸泡过热水的刀切成3厘米长的小段。

3. 巧克力脆皮：按照以下方法和步骤为牛奶巧克力调温，以达到最佳的制作效果。将牛奶巧克力粗切碎，将其中的2/3放入碗中，隔水加热至融化，当烹饪温度计显示为45℃时，将巧克力从隔水加热的容器中取出，放入剩余的1/3的巧克力，搅拌均匀并冷却至26℃，再次将碗放入隔水加热的容器中，加热至29℃，期间不停搅拌。

4. 将糖粉倒入较深的容器中，用叉子逐个将牛奶巧克力小段浸入调温巧克力中，轻轻晃动去除多余的巧克力，然后在糖粉中滚一下，室温下凝固至变硬，然后放入筛网中轻轻去除多余的糖粉。

5. 将肉桂形牛奶巧克力糖放入密封盒，置于阴凉处（温度不超过12℃），10天内食用最佳。

大厨小贴士 可以用杏仁巧克力代替杏仁糖膏，还可以用榛子巧克力酱代替；分量如食谱中所示即可。

巧克力牛轧糖
Nougats au chocolat

50块

难易度：★★★

准备时间：45分钟
制作时间：15分钟
冷藏时间：2小时

原料：

- 榛子 350克
- 糖渍樱桃 500克
- 黑巧克力 300克

意大利蛋白霜

- 蛋清 2个
- 盐 1小撮
- 细砂糖 10克
- 淡味蜂蜜 300克

糖膏

- 细砂糖 280克
- 水 100毫升
- 淡味蜂蜜 50克

做法：

1. 将烤箱预热至140℃。

2. 将榛子放在烤盘内，在烤箱烤15分钟。将糖渍樱桃切小块；巧克力切细碎后放入碗中，隔水加热至融化，用刮刀不时翻搅。将上述材料备用。

3. 意大利蛋白霜：用电动搅拌器在金属碗中搅拌蛋清、盐和细砂糖，至起泡浓稠。将蜂蜜在平底深锅中熬煮至烹饪温度计显示在118~120℃，再一点点地倒入蛋白霜中，继续用电动搅拌器搅拌至硬性发泡并冷却。

4. 在长38厘米、宽30厘米的烤盘中铺一张烤盘纸。

5. 糖膏：将细砂糖、水和蜂蜜在平底深锅中熬煮至烹饪温度计显示为145℃，不断搅拌，使细砂糖完全溶解。

6. 将糖膏一点一点倒入意大利蛋白霜中，再次打发，用喷枪加热金属碗的四周，烘干里面的混合物。慢慢地倒入融化的巧克力、糖渍樱桃小块和烤榛子，用橡皮刮刀搅拌均匀。将上述混合物铺在烤盘中约1.5厘米厚，放入冰箱冷藏2小时。

7. 将烤盘从冰箱中取出，将巧克力牛轧糖切成正方形或者长方形小块。

大厨小贴士 如果没有喷枪，可以使用吹风机。还可以使用调温黑巧克力或牛奶巧克力（具体做法参考第279页）包裹牛轧糖。做好的牛轧糖可以在密封盒中保存二三周。

金箔巧克力糖

Palets d'or

30块

难易度：★★☆

准备时间：约1小时

冷藏时间：1小时

原料：

巧克力淋酱

- 黑巧克力 170克
- 鲜奶油 85毫升
- 淡味蜂蜜 20克
- 室温回软的无盐黄油 40克

巧克力脆皮

- 黑巧克力 400克

装饰

- 食用金箔适量

参考第279页巧克力调温的正确方法。

做法：

1. 在长24厘米、宽14厘米的烤盘内铺一张烤盘纸。

2. 巧克力淋酱：将黑巧克力切碎后放入碗中。将鲜奶油和蜂蜜煮沸，倒入巧克力碎中，用橡皮刮刀小心搅拌后放入室温回软的无盐黄油。将巧克力淋酱倒入烤盘，铺开六七毫米厚，放入冰箱冷藏1小时。待巧克力淋酱冷却后，在干净的操作台上脱模，然后用直径3厘米的圆形切模做成圆片，放入冰箱冷藏备用。

3. 巧克力脆皮：按照以下方法和步骤为黑巧克力调温，以达到最佳的制作效果。将黑巧克力粗切碎，将其中的2/3放入碗中，隔水加热至融化，当烹饪温度计显示为45℃时，将巧克力从隔水加热的容器中取出，放入剩余的1/3的巧克力，搅拌均匀并冷却至27℃，再次将碗放入隔水加热的容器中加热至32℃，期间不停搅拌。

4. 用叉子逐个将巧克力淋酱的小圆片浸入调温黑巧克力中，轻轻晃动去除多余的巧克力，摆放在保鲜膜上，室温下静置凝固30分钟。待巧克力变硬，将其逐个翻面，用几片食用金箔在表面作装饰。

5. 用密封盒置于阴凉处保存（最高温度不超过12℃），10天内食用最佳。

大厨小贴士 若没有圆形的切模，可用刀直接切成方形；若没有长24厘米、宽14厘米的烤盘可在密封盒的盖子上铺烤盘纸代替。

巧克力岩石球
Rochers

▮ 30个

难易度：★ ★ ☆

准备时间：1小时

▮ 原料：

杏仁糖膏巧克力淋酱

- 切碎的杏仁 100克
- 苦味巧克力（可可脂含量 55%~70%）60克
- 杏仁糖膏 120克（具体做法参 考第278页）

巧克力脆皮

- 黑巧克力 250克

参考第279页调温巧克力的正 确方法。

▮ 做法：

1. 杏仁糖膏巧克力淋酱：将切碎的杏仁放入不粘锅中焙烤，不时 晃动锅，使杏仁碎上色均匀，烤好后留出50克作为包裹巧克力使 用。将巧克力切碎后放入碗中，隔水加热至融化，离火后加入杏 仁糖膏和50克烘烤过的杏仁碎，静置冷却至巧克力淋酱可以轻松 的卷起。将杏仁膏巧克力淋酱揉搓成两个相同的长条后切成小 块，每块约10克，揉搓成小球摆入碗中。

2. 巧克力脆皮：按照以下的方法和步骤为黑巧克力调温，以达到最 佳的制作效果。将黑巧克力粗切碎，将其中的2/3放入碗中，隔 水加热至融化，当烹饪温度计显示为45℃时，将巧克力从隔水 加热的容器中取出，放入剩余的1/3的巧克力，搅拌均匀并冷却 至27℃，再次将碗放入隔水加热的容器中，加热至32℃，期间 不停搅拌。

3. 戴上处理食物的专用塑料手套，逐个将小球浸入调温巧克力中， 轻轻晃动去除多余的巧克力，摆放在烤盘纸上。当巧克力开始凝 固时，将小球逐个在预留的烤杏仁碎中滚一下。将做好的岩石巧 克力球装在密封盒中置于阴凉处保存（温度最高不超过12℃）， 15天内品尝最佳。

松脆巧克力岩石球
Rochers croustillants

▎30块

难易度：★★☆

准备时间：1小时30分钟

▎原料：

焦糖杏仁条

• 去皮杏仁 250克

• 水 60毫升

• 细砂糖 150克

巧克力脆皮

• 黑巧克力 125克

参考第279页调温巧克力的正确方法。

▎做法：

1. 焦糖杏仁条：用锋利的刀将杏仁切成条状。将水和细砂糖在平底深锅中煮沸，继续熬煮约5分钟至烹饪温度计显示为117℃，离火后倒入杏仁条，轻轻搅拌均匀至杏仁条裹匀一层白色的糖霜。将平底深锅重新以小火加热至糖霜焦糖化。将焦糖杏仁在烤盘纸上铺开，用橡皮刮刀翻搅，冷却后放入碗中。

2. 巧克力脆皮：按照以下方法和步骤为黑巧克力调温，以达到最佳的制作效果。将黑巧克力粗切碎，将其中的2/3放入碗中，隔水加热至融化，当烹饪温度计显示为45℃时，将巧克力从隔水加热的容器中取出，放入剩余的1/3的巧克力，搅拌均匀并冷却至27℃，再次将碗放入隔水加热的容器中，加热至32℃，期间不停搅拌。

3. 立即将调温黑巧克力淋在焦糖杏仁条上，将混合物用大汤匙在烤盘纸上堆成块，室温下凝固30分钟。

> **大厨小贴士**　可以用松子代替杏仁。

榛子三兄弟
Trois frères noisettes

▌25块

难易度：★★☆

准备时间：1小时30分钟

▌原料：

焦糖榛子
- 水 40毫升
- 细砂糖 100克
- 榛子 100克
- 无盐黄油 5克

牛奶巧克力脆皮
- 牛奶巧克力 300克

参考第279页调温巧克力的正确方法。

▌做法：

1. 焦糖榛子：将水和细砂糖在平底深锅中煮沸，继续熬煮约5分钟至烹饪温度计显示为117℃，离火后倒入榛子混合均匀，至榛子表面裹匀一层白色糖霜。将平底深锅重新以小火加热至糖霜焦糖化，此时放入无盐黄油。将焦糖榛子在烤盘纸上铺开，迅速用叉子将榛子以3个为一组集中起来，静置凝固10分钟。

2. 牛奶巧克力脆皮：按照以下方法和步骤为牛奶巧克力调温，以达到最佳的制作效果。将牛奶巧克力粗切碎，将其中的2/3放入碗中，隔水加热至融化，当烹饪温度计显示为45℃时，将巧克力从隔水加热的容器中取出，放入剩余的1/3的巧克力，搅拌均匀并冷却至26℃，再次将碗放入隔水加热的容器中，加热至29℃，期间不停搅拌。

3. 用叉子将3个粘在一起的榛子浸入调温牛奶巧克力中，再摆放在烤盘纸上，室温下静置凝固30分钟后即可食用。

简易松露巧克力

Truffes au chocolat toutes simples

▌50颗

难易度：★ ☆ ☆

准备时间： 40分钟

冷藏时间： 50分钟

▌原料：

巧克力淋酱

- 黑巧克力 300克
- 鲜奶油 100毫升
- 香草精 1小匙

糖衣

- 无糖可可粉适量

▌做法：

1. 巧克力淋酱：将巧克力切细碎后放入碗中。将鲜奶油和香草精煮沸后倒入巧克力碎中，慢慢地混合至浓稠，放入冰箱冷藏30分钟至凝固。

2. 烤盘内铺一张烤盘纸，用汤匙或装有圆形裱花嘴的裱花袋做成巧克力淋酱小块，摆在烤盘中，放入冰箱冷藏20分钟。

3. 糖衣：将无糖可可粉倒入较深的容器中，戴上处理食品的专用塑料手套，用手将巧克力淋酱小块揉搓成圆球，然后用叉子让小球在可可粉中滚一下，均匀地包裹上可可粉。

4. 用细筛网去除巧克力球上多余的可可粉。

5. 将松露巧克力装在密封盒中置于阴凉处保存（温度最高不超过12℃），15天内品尝最佳。

大厨小贴士

可在装满可可粉的盘子中放入冰箱冷藏。在未将巧克力小球完全裹匀可可粉前，可放入密封盒中在冰箱冷藏保存1周。这款无酒精的松露巧克力可以让小朋友们感受巧克力带来的幸福。

柠檬松露巧克力
Truffes au citron

▌ 50颗

难易度：★★☆

准备时间：1小时

冷藏时间：50分钟

▌ 原料：

柠檬巧克力淋酱
- 牛奶巧克力 240克
- 黑巧克力 80克
- 蛋黄 2个
- 细砂糖 100克
- 鲜奶油 100毫升
- 切细碎的柠檬皮 2个

巧克力可可糖衣
- 黑巧克力 400克
- 糖粉适量

参考第279页调温巧克力的正确方法。

▌ 做法：

1. 柠檬巧克力淋酱：将两种巧克力切细碎后放入碗中。将蛋黄和细砂糖用搅拌器搅打至发白浓稠。将鲜奶油在平底深锅中煮沸，将一部分倒入蛋黄和细砂糖的混合物中，然后快速搅拌。将混合物再次倒入装有剩余鲜奶油的平底深锅中，小火熬煮2分钟，用木勺不断搅拌至浓稠并附着于勺背（注意勿将奶油酱煮沸），离火，将奶油酱倒入巧克力碎中，慢慢地搅拌至顺滑浓稠。加入柠檬皮碎末，混合均匀，放入冰箱冷藏30分钟至凝固。

2. 烤盘内铺一张烤盘纸，用汤匙或者装有圆形裱花嘴的裱花袋将柠檬巧克力淋酱做成小球，摆放于烤盘中，放入冰箱冷藏20分钟。

3. 巧克力可可糖衣：请照以下方法和步骤为黑巧克力调温，以达到最佳的制作效果。将黑巧克力粗切碎，将其中的2/3放入碗中，隔水加热至融化，当烹饪温度计显示为45℃时，将巧克力从隔水加热的容器中取出，放入剩余的1/3的巧克力，搅拌均匀并冷却至27℃，再次将碗放入隔水加热的容器中，加热至32℃，期间不停搅拌。

4. 在容器中装满糖粉，待柠檬巧克力淋酱小球凝固，从冰箱中取出。戴上处理食品的专用塑料手套，将小球浸入调温巧克力中，轻轻晃动去除多余的巧克力，然后在糖粉中滚一下，室温下静置凝固。待柠檬松露巧克力变硬后，用细筛网去除多余的糖粉。

5. 将柠檬松露巧克力放在密封盒中置于阴凉处保存（温度最高不超过12℃），7天内食用最佳。

君度松露巧克力

Truffes au Cointreau

┃ 50颗

难易度：★★☆
准备时间：1小时
冷藏时间：约1小时

┃ 原料：

巧克力淋酱
- 牛奶巧克力 150克
- 黑巧克力 150克
- 鲜奶油 150毫升
- 淡味蜂蜜 50克
- 君度香橙 30毫升

巧克力可可糖衣
- 黑巧克力 500克
- 无糖可可粉 100克

参考第278页包裹巧克力脆皮的正确方法。

┃ 做法：

1. 烤盘内铺一张烤盘纸。

2. 巧克力淋酱：将两种巧克力切碎后放入碗中。将鲜奶油和蜂蜜煮沸后倒入巧克力碎中，用橡皮刮刀搅拌均匀，再倒入君度香橙，放入冰箱冷藏30分钟。待巧克力淋酱冷却后，轻轻搅拌数秒，然后填入装有圆形裱花嘴的裱花袋中，在烤盘中挤出小圆块，放入冰箱冷藏20分钟，取出后，戴上处理食品的专用塑料手套，用手将小圆块揉搓成球状，再放入冰箱冷藏10~15分钟。

3. 巧克力可可糖衣：按照以下方法和步骤为黑巧克力调温，以达到最佳的制作效果。将黑巧克力粗切碎，将其中的2/3放入碗中，隔水加热至融化，当烹饪温度计显示为45℃时，将巧克力从隔水加热的容器中取出，放入剩余的1/3的巧克力，搅拌均匀并冷却至27℃，再次将碗放入隔水加热的容器中，加热至32℃，期间不停搅拌。

4. 将可可粉倒入较深的容器中，用叉子逐个将小球浸入调温巧克力中，轻轻晃动去除多余的巧克力后在可可粉中滚一下，室温下静置凝固。待松露巧克力变硬后，用细筛网去除多余的可可粉。

5. 将君度松露巧克力装在密封盒中置于阴凉处保存（温度最高不超过12℃），15天内食用最佳。

大厨小贴士 可以用其他的酒代替君度香橙，使用食谱中相同的分量。可以用剩余的调温巧克力做成巧克力酱。

朗姆松露巧克力
Truffes au rhum

▌30颗

难易度：★★☆
准备时间：1小时
冷藏时间：30分钟

▌原料：

朗姆巧克力淋酱

• 黑巧克力 170克
• 鲜奶油 150毫升
• 室温回软的无盐黄油 15克
• 朗姆酒 1小匙

巧克力可可糖衣

• 黑巧克力 500克
• 无糖可可粉 100克

▌做法：

1. 烤盘内铺一张烤盘纸。

2. 朗姆巧克力淋酱：将巧克力切碎后放入碗中。将鲜奶油和蜂蜜在平底深锅中煮沸后倒入巧克力碎中，让巧克力稍稍融化后搅拌均匀，加入室温回软的无盐黄油和朗姆酒，放入冰箱冷藏10分钟。待巧克力淋酱冷却后轻轻搅拌，然后填入装有圆形裱花嘴的裱花袋中，在烤盘中挤出小圆块，放入冰箱冷藏20分钟，取出后，戴上处理食品的专用塑料手套，用手将小圆块揉搓成球状，再次放入冰箱冷藏备用。

3. 巧克力可可糖衣：按照以下方法和步骤为黑巧克力调温，以达到最佳的制作效果。将黑巧克力粗切碎，将其中的2/3放入碗中，隔水加热至融化，当烹饪温度计显示为45℃时，将巧克力从隔水加热的容器中取出，放入剩余的1/3的巧克力，搅拌均匀并冷却至27℃，再次将碗放入隔水加热的容器中，加热至32℃，期间不停搅拌。

4. 将可可粉倒入较深的容器中，用叉子逐个将小球浸入调温巧克力中，轻轻晃动去除多余的巧克力，然后在可可粉中滚一下，室温下静置凝固。待松露巧克力变硬后，用细筛网去除多余的可可粉。

5. 将朗姆松露巧克力装在密封盒中置于阴凉处保存（温度最高不超过12℃），15天内食用最佳。

摩卡咖啡松露巧克力
Truffettes au café moka

45~50颗

难易度：★★★
准备时间：1小时
制作时间：约1小时

原料：

巧克力淋酱
- 牛奶巧克力 120克
- 黑巧克力 180克
- 鲜奶油 200毫升
- 蜂蜜 45克
- 速溶咖啡 15克
- 细砂糖 150克

巧克力杏仁碎糖衣
- 黑巧克力 400克
- 烘烤过的杏仁碎 40克

参考第282页的包裹巧克力脆皮的正确方法。

做法：

1. 巧克力淋酱：将两种巧克力切碎后放入碗中。将鲜奶油、蜂蜜和速溶咖啡煮沸备用。将细砂糖倒入平底深锅中熬煮成深色的焦糖。慢慢地将鲜奶油、蜂蜜和咖啡的混合物倒入焦糖中，以免焦糖进一步焦化，再次加热至沸腾，倒入巧克力碎中，用橡皮刮刀搅拌均匀，放入冰箱冷藏30分钟。待巧克力淋酱冷却后，轻轻搅拌数秒，然后填入装有圆形裱花嘴的裱花袋中，在烤盘中挤出小圆块，放入冰箱冷藏20分钟，取出后，戴上处理食品的专用塑料手套，用手将小圆块揉搓成球状，再次放入冰箱冷藏10~15分钟。

2. 巧克力杏仁碎糖衣：按照以下方法和步骤为黑巧克力调温，以达到最佳的制作效果。将黑巧克力粗切碎，将其中的2/3放入碗中，隔水加热至融化，当烹饪温度计显示为45℃时，将巧克力从隔水加热的容器中取出，放入剩余的1/3的巧克力，搅拌均匀并冷却至27℃，再次将碗放入隔水加热的容器中，加热至32℃，期间不停搅拌。

3. 用叉子逐个将小球浸入调温巧克力中，轻轻晃动去除多余的巧克力，然后摆在烤盘中，室温下静置，待开始凝固时，将小球在烘烤的杏仁碎中滚一下。

4. 将摩卡咖啡松露巧克力装在密封盒中置于阴凉处保存（温度最高不超过12℃），15天内食用最佳。

大厨小贴士 可以用玉米碎片代替烘烤的杏仁碎。

常用术语

隔水加热 Bain-Marie

这是一种加热或再次加热的方法。将装有材料的容器放入加水略沸的锅中，不直接煮沸材料（例如萨芭雍酱），能够保持温度（例如制作酱料）或者让材料缓慢融化（例如巧克力）。

澄清黄油 Beurre Clarifié

这是用极小火加热黄油以去除固体颗粒（乳清）的一种黄油，不像普通黄油容易烧糊，也不会轻易氧化变质。

榛子黄油 Beurre Noisette

是将黄油加热液化后呈棕褐色，其固体颗粒（乳清）颜色变深且附着于锅底。

黄油糊 Beurre en Pommade

是将在室温下回软的无盐黄油用搅拌器打至发白、浓稠的膏状。

刷黄油 Beurre

1. 用毛刷将容器内刷匀融化的或室温回软的无盐黄油，以免材料粘附容器。
2. 将黄油与其他材料混合。

蛋糕坯 Biscuit

是用蛋黄、糖、面粉和打发的蛋白做成的松软蛋糕或面团。

打至发白 Blanchir

是将蛋黄、糖用搅拌器打至发白、浓稠状。

焦糖化 Caraméliser

1. 将糖熬煮至颜色变深，淋在材料上或作为焦糖酱使用。
2. 为模具涂匀焦糖。
3. 将甜点（例如舒芙蕾）在烤箱的烤架下上色的过程。
4. 在材料中加入焦糖以提味。
5. 为泡芙涂匀焦糖。

慕斯模 Cercle à Pâtisserie

是各种不同直径（从6~34厘米）和高度的金属圈，用于制作糕点（例如甜点、慕斯等）。面点师常用慕斯模制作水果塔和布丁。

鲜奶油香缇 Chantilly

这是加入糖和香草荚打发的鲜奶油。

漏斗形筛网 Chinois

是一种尖底、有柄的金属细筛过滤器。

糖煮 Compoter

是以小火极慢速地在糖浆中熬煮新鲜水果或果干至软烂。

磨碎 Concasser

是将材料切细碎或将材料捣碎。

浸渍 Confit

是指食材浸泡在液体材料（例如糖浆、酒等）中，便于保存。

造型 Coucher

是用装有圆形裱花嘴的裱花袋，以一定的间隔挤出如泡芙状的材料。

果酱汁 Coulis

这种细腻的液态果泥，是用食物加工机搅拌新鲜或者熬煮后的水果，再用滤网过滤而成的，也可加糖。

英式奶油酱 Crème Anglaise

这款浓稠的香草奶油酱是以牛奶、蛋黄和糖为基础制作的，可以搭配多种甜点，还可以作冰激凌的基本材料。英式奶油酱中的香草味可以用巧克力、开心果等其他口味代替。

打发鲜奶油 Crème Fouettée

是将鲜奶油用搅拌器搅拌至浓稠膨胀，且不会从搅拌器上滴落的状态。

卡士达奶油酱 Crème Pâtissière

这款浓稠的奶油酱是以牛奶、蛋黄、糖和面粉为基础制作，香草味的是经典口味，可作许多糕点的馅料。也可用淀粉或布丁粉代替面粉使用。

打发至乳霜状 *Crémer*

1. 将无盐黄油和糖搅打至发白的膏状。

2. 在其中加入鲜奶油。

加水稀释 *Décuire*

是将焦糖、糖浆等材料熬煮的程度降低，再加入冰凉的液体，使材料呈适当的黏稠度。

加水搅匀 *Délayer*

是将材料在液体中溶解。

使干燥 *Dessécher*

是指加热时不断用木勺搅拌，以去除材料中多余的水分，且将材料与锅壁分离并缠绕在木勺上（例如制作泡芙或水果软糖等）。

裁切 *Détailler*

是用压模或刀在提前擀开的面皮上裁切出需要的形状。

基本面团 *Détrempe*

这种面粉、水和盐的混合物，是制作千层面团的第一步骤。

刷蛋黄液烤成金黄色 *Dorer*

是用毛刷将蛋黄或打散的蛋液刷在面团上，使烘烤后有发亮的金黄色外层。

蛋黄浆 *Dorure*

是将全蛋液或蛋黄搅打均匀，也可加水，烘烤前在面团上刷匀为其上色。

裱花嘴 *Douille*

一种金属或塑料的圆锥形中空工具，配合裱花袋一起将材料挤入烤盘或用以装饰甜点。裱花嘴有圆形、星形等。

切细长薄片 *Effiler*

是用刀或器具将坚果（例如杏仁）等纵切成细长的薄片。

切成薄片 *Émincer*

是将水果等切成匀称的薄片。

清筛或去皮 *Émonder ou Monder*

是指用水汆烫以去除坚果或水果（例如杏仁、桃子、开心果）的果皮。

压模 *Emporte-Pièce*

是金属或合成材料制成的工具，有圆形、椭圆形、半圆形等不同的形状，可以在面皮上裁切出规则的形状。

裹、涂、包 *Enrober*

是将甜点均匀地覆盖上另一种材料，例如巧克力、可可粉、糖粉等。

吸干 *Éponger*

是指用茶巾或厨房专用纸巾吸去食材上多余的液体。

精华、浓汁 *Essence*

是将食材（例如咖啡等）萃取成高浓度的材料，作为配料使用。

挖空 *Évider*

是指将食材（例如苹果等）挖空或掏空内部。

塑型 *Façonner*

是将材料塑造成特定的形状。

撒薄面 *Fariner*

是指在操作台、材料、模具、烤盘上薄薄地撒一层面粉。

将面皮套模 *Foncer*

是将事先擀好的面皮套入模具或容器底部和边缘。

使融化 *Fondre*

是将固态食材（例如无盐黄油、巧克力等）经过加热融化成液态。

挖凹槽 *Fontaine*

是将面粉围成一圈，在中间放入其他制作面糊的材料。

打发 *Fouetter*

是指用搅拌器搅打材料，使之发白、膨胀或起泡。

填入馅料 *Fourrer*

是将材料（例如泡芙馅料、糖渍水果等）填入咸的或甜的面团中。

揉和面团 *Fraiser ou Fraser*

是指用手掌心将面糊压扁后向外揉推，至面糊均匀且不会过度揉捏。

略沸 *Frémir*
是指液体加热至沸腾前刚出现气泡的阶段。

油炸 *Frire*
是指将食材浸入热油中的烹饪方法。

巧克力淋酱 *Ganache*
是将煮沸的鲜奶油倒入巧克力碎中搅匀的混合物，用于装饰甜点、填入蛋糕或糖果中。

海绵蛋糕 *Génoise*
一种用糖和鸡蛋的混合物做成的面糊，隔水加热后搅拌至冷却，再加入面粉，可以作为不同蛋糕的底层，可用多种食材（例如杏仁、榛子、巧克力等）进行装饰。

覆以镜面 *Glacer*
是指在甜点表面覆盖镜面或糖粉作装饰，使外观更加漂亮。

烘烤 *Griller*
是将核桃、杏仁、开心果等放入烤盘，在预热的烤箱中烤至金黄色。

可可脆片 *Grué de Cacao*
是将可可豆碎片烘焙，也可在食品材料专卖店购买成品。

切碎 *Hacher*
是用刀或食品加工机将糖渍水果、巧克力、榛子、杏仁等切成小块。

涂油 *Huiler*
在烤盘或模具中薄薄地刷匀一层油，避免材料粘在模具上。

浸透 *Imbiber*
是将材料（例如海绵蛋糕）充满糖浆、酒类，使其更加柔软并增添风味。

混合、掺和 *Incorporer*
是慢慢将一种食材放入另一种食材中搅拌均匀。

浸泡 *Infuser*
是将有味道的食材放入煮沸的液体中，让液体充满气味。

面包酵母 *Levure de Boulanger*
这是一种单细胞微生物，排放二氧化碳引起发酵：二氧化碳的排出会使面团膨胀。新鲜的面包酵母可以从面包专业店购买。

泡打粉 *Levure Chimique*
是一种无味道的食用化学添加剂，由小苏打和塔塔粉构成。一般在超市购买的是每包11克的小包装。

浸渍 *Macérer*
是将风干、新鲜或糖渍水果浸泡在酒类、糖浆和茶等液体中，使浸渍物充满液体的风味。

大理石花纹 *Marbré*
是指用两种制作技法相同但味道和颜色不同的面糊做成的甜点，例如大理石蛋糕、大理石冰激凌等。

蛋白霜 *Meringue*
是打发的蛋清和糖的混合物，通常蛋白霜有三种：
1. 法式蛋白霜：在打出泡沫的蛋清中逐渐加入糖。
2. 意大利蛋白霜：在打发的蛋清中放入加热后的糖。
3. 瑞士蛋白霜：在隔水加热的过程中搅打蛋清和糖。

搅打 *Monter*
是指用搅拌器搅拌材料（例如蛋清、鲜奶油）或混合物，使其膨胀变大。

果胶 *Nappage*
是用杏或覆盆子果酱为基础的液态果冻，使其融化后覆盖在糕点、水果塔表面，形成漂亮的光泽。

刷果胶 *Napper*
1. 为甜点覆盖上果胶，外观更漂亮。
2. 在甜点上淋酱汁或奶油酱。
3. 将英式奶油酱熬煮至均匀且能附着于木勺背的浓稠状态。

过筛 *Passer*
是用过滤器或漏斗形筛网过滤液体或半液体的材料，以去除固体颗粒。

可可块 *Pâte de Cacao*
是将可可豆捣碎后的块状物，是制作所有可可或巧克力甜点的基础原料。通常在专门的食品商店购买。

起酥面团 *Pâton*

是指经过折叠但未烘烤的千层酥面团。

揉和面团 *Pétrir*

是混合、搅拌并揉捏材料做成面团。

撮 *Pincée*

是指用食指、中指和拇指少量抓起材料，例如盐、糖等。

插孔 *Piquer*

是用叉子在塔皮底部戳出小洞，让塔皮底层不会在烘烤的过程中鼓起。

水煮 *Pocher*

是将食材在持续微滚的液体中熬煮，特别指将水果放入有糖的液体中熬煮。

醒发 *Pousser*

是指面团在面包酵母的作用下发酵，体积不断增加。

杏仁糖膏 *Pralin*

是将磨成粉末的焦糖杏仁或榛子为基础的材料，可在食品专卖店中购买。

掺入或撒上糖杏仁粉末 *Praliner*

1. 掺入糖杏仁膏，增加风味。

2. 制作杏仁巧克力的步骤：用糖杏仁或榛子粉末将煮过的糖包裹起来。

梭形 *Quenelle*

是指用两个相同的汤匙将材料、冰激凌或慕斯等塑造成梭子形状。

画线 *Rayer*

是指在刷匀蛋黄浆且准备烘烤的面皮上用刀尖作装饰纹路，例如国王烘饼、苹果派等。

收干 *Réduire*

是将液体保持煮沸的状态，使液体蒸发并不断减少，让混合物变得浓稠、香味更浓郁。

预留备用 *Réserver*

是将制作过程中其后还需要的材料放在一旁的阴凉处或保持微温。

缎带状 *Ruban*

是指充分打发的材料呈顺滑、均匀的状态，同时抬起搅拌器时滴落的混合物会不断形成条纹的缎带状。

油酥 *Sabler*

是将脂类与面粉混合均匀，混合物呈沙状脆弱状。

过筛 *Tamiser*

是用筛子或精细的过滤器过滤可可粉、面粉、糖粉、泡打粉等材料，以去除结块。

铺满、覆盖 *Tapisser*

是将模具用食材、面团或烤盘纸覆盖。

调温 *Tempérer*

是通过三种不同的温度（请参考第279页）对巧克力进行调温和提炼，以提高巧克力的亮度和韧度。调温后的巧克力可以用于塑模、制作刨花和包裹脆皮。

折叠 *Tourer*

是将千层面团、可颂面团和无盐黄油混合，反复折叠，使黄油和面团混合均匀。

揉和 *Travailler*

是用双手、工具或搅拌器用力搅打或搅拌材料，使空气或其他材料混入，或者让材料变得膨胀顺滑。

在冰激凌机中搅拌 *Turbiner*

是将材料在冰激凌机中搅拌至凝固的冰激凌或雪葩。

红糖、赤砂糖、砂糖 *Vergeoise*

是指精炼、有颜色、绵软的甜菜糖或蔗糖，常见的有金砂糖、红糖等。

去皮 *Zester*

是指用刮皮刀或刀处理香橙、柠檬等柑橘类水果的外皮，其果皮可以混入其他材料以增加香味。

常用对照表

烤箱温度对照表										
温度控制器	1	2	3	4	5	6	7	8	9	10
温度	30℃	60℃	90℃	120℃	150℃	180℃	210℃	240℃	270℃	300℃
上述温度对照适用于传统电烤箱，若使用煤气或电磁烤箱，需具体参照其产品说明书。										

容量对照表		
容积		重量
1小匙	5毫升	玉米粉3克；精盐、细砂糖5克
1大匙	15毫升	奶酪丝5克；可可粉、咖啡粉、面包粉8克；面粉、米、粗粒小麦粉、鲜奶油、油12克；精盐、细砂糖、无盐黄油15克
1咖啡杯	100毫升	
1茶杯	120~150毫升	
1碗	350毫升	面粉225克；可可粉、葡萄干260克；米300克；细砂糖320克
1利口酒杯	25~30毫升	
1波尔多酒杯	100~120毫升	
1水杯（大）	250毫升	面粉150克；可可粉170克；粗粒小麦粉190克；米200克；细砂糖220克
1酒瓶	750毫升	